新时代卓越中学数学教师丛书

Application of Information Technology in
Mathematics Teaching

信息技术在
数学教学中的应用

吴中才　　著

 华东师范大学出版社

·上海·

图书在版编目(CIP)数据

信息技术在数学教学中的应用/吴中才著. —上海：华东师范大学出版社，2021
（新时代卓越中学数学教师丛书）
ISBN 978-7-5760-1551-5

Ⅰ.①信… Ⅱ.①吴… Ⅲ.①信息技术-应用-数学教学-教学研究 Ⅳ.①O1-4

中国版本图书馆 CIP 数据核字(2021)第 055427 号

新时代卓越中学数学教师丛书

信息技术在数学教学中的应用
XINXI JISHU ZAI SHUXUE JIAOXUE ZHONG DE YINGYONG

著　　者　吴中才
策划编辑　李文革
责任编辑　平　萍
审读编辑　周　鸿
责任校对　杨月莹　时东明
装帧设计　刘怡霖

出版发行　华东师范大学出版社
社　　址　上海市中山北路 3663 号　邮编 200062
网　　址　www.ecnupress.com.cn
电　　话　021-60821666　行政传真 021-62572105
客服电话　021-62865537　门市(邮购)电话 021-62869887
地　　址　上海市中山北路 3663 号华东师范大学校内先锋路口
网　　店　http://hdsdcbs.tmall.com

印 刷 者　常熟市文化印刷有限公司
开　　本　787×1092　16 开
印　　张　14.25
字　　数　233 千字
版　　次　2021 年 4 月第 1 版
印　　次　2021 年 4 月第 1 次
书　　号　ISBN 978-7-5760-1551-5
定　　价　48.00 元

出 版 人　王　焰

目　录

前　言

安东尼・塞尔登（Anthony Seldon）和奥拉迪梅吉・阿比多耶（Oladimeji Abidoye）在《第四次教育革命：人工智能如何改变教育》一书中把人类的教育革命分为四个阶段：以在家庭、团体和部落中向他人学习为特征的有组织的学习和必要的教育构成第一次教育革命，以制度化教育为特征的学校和大学的到来构成第二次教育革命，以印刷与世俗化为主要内容的大众化教育构成第三次教育革命，以人工智能、增强现实和虚拟现实等为主要内容的个性化教育构成第四次教育革命。

从古到今，人类历史上共经历了五次信息技术革命：第一次信息技术革命以语言的产生和应用为特征。语言的产生是历史上最伟大的信息技术革命，它成为人类社会化信息活动的首要条件。第二次信息技术革命以文字、纸张的产生和使用为特征。文字和纸张的产生，让人类文明得以更好地保存和流传。第三次信息技术革命以印刷术的发明为特征。印刷术的发明解脱了古人手抄多遍的辛苦，同时也避免了因传抄多次而产生的各种错误。第四次信息技术革命以电信传播技术的发明和普及应用为特征。第五次信息技术革命以电子计算机和通信卫星的出现为特征。电报、电话、广播、电视、手机、计算机的广泛使用，以及网络的遍布与通信卫星的应用，使得信息的收集、存储、处理、传递、应用等方面都达到了空前的状态。每一次信息技术革命都对人类社会的发展产生了巨大的推动力，也大大推动了人类的教育革命。

2020 年是一个特殊的年份！面对突如其来的新冠肺炎疫情，整个社会仿佛被按下了"暂停"键。教育部要求"停课不停学""停课不停教"，无论哪个年龄段的老师，无论哪个学段的孩子，无论地处城市还是农村，无论什么学科与课程，无论是用电脑、PAD、手机还是电视，无论使用 Wi-Fi 还是 4G 或 5G，全国各地的学校教育迅速由原来的"面对面"的形式转向了"面——屏——面"的形式，而连接屏幕与屏幕的正是无处不在的网络。"互联网＋教育"的高速发展,使得教与学的形式发生了质的变化,学校教育形态发生了巨大的改变。境外媒体报道称"中国在进行一项世界上规模最大的教育实验!"无情的疫情无疑给了教育的第四次革命一个极大的助推力。2020 年也成为了在线教育的重要里程碑。

过去,学校以及教育行政部门对电子产品(包括 App)和网络进校园、进课堂还有一些犹豫,而现在,面对面的现场教学形式与网络教学形式正在不断地进行深层融合,学校和教师正在不断地探索新的"混合式教育"形式。在数学课程的教学中,如何有效地运用信息技术提高学生的学习兴趣和提升教学的效率与质量,这是每一个数学老师都特别关心的事情。本书将着重介绍一些软件或平台的主要功能与特色,并从信息技术在数学各个知识领域的教学以及在教学的不同环节中的应用作一些探讨与尝试,希望能给信息技术与数学教学的融合提供一些有益的参考。

吴中才

2020 年寒冬于海淀黄庄

第一章　信息技术的应用概述

第一节　信息技术的应用现状

信息技术（information technology，简称 IT）是用于管理和处理信息所采用的各种技术的总称。它主要是应用计算机科学和通信技术来设计、开发、安装和实施的信息系统及应用软件，包括传感技术、计算机技术和通信技术，也常常被称为信息和通信技术（information and communications technology，简称 ICT）。

在我国，课堂教学与信息技术的融合从幻灯机到投影仪，从计算机到互联网，走过了近 30 个春秋。20 世纪 90 年代，用幻灯机展示幻灯片就是教学中运用信息技术的早期雏形了。20 世纪末计算机渐渐普及，计算辅助教学（computer aided instruction，简称 CAI）也逐渐进入课堂，随之而来的是投影仪及实物投影的应用。这时，声音、图像、文本、视频等多种媒体同时作用和冲击着学生的听觉与视觉，给课堂教学带来了盎然生机。

信息技术在教育教学中的应用大体经历了三个阶段：计算机辅助教学阶段、计算机辅助学习阶段、信息技术与课程整合阶段。目前，全国各大中小学校都有自己的多媒体教室，甚至很多学校几乎每个教室都有常用的多媒体设备，例如投影仪、多功能电子屏、电子白板等，各个学校都有自己的校园网。

教育部办公厅在 2018 年 2 月 11 日印发的《2018 年教育信息化和网络安全工作要点》的"工作思路"中提出：要办好网络教育，发展"互联网＋教育"，实现教育信息化的转段升级，充分发挥对教育现代化的支撑和引领作用。在"核心目标"中提出：基本实现各级各类学校互联网接入和提速，接入带宽 10Mbps 以上的中小学比例达到 80％，多媒体教室占总教室的比例达到 90％，拥有多媒体教室的学校比例达到 90％。通过宽带卫星联校试点行动，形成支持边远贫困地区薄弱学校联网和开展信息化教学、教研的模式及保障机制。其中，促进信息技术与教育教学融合发展仍是教育信息化工作的重点。强调 2018 年将推进信息技术在教学中的深入普遍应用,开展利用现代信息技术构建新型教学组织模式的研究,探索信息技术在众创空间、跨学科学习(STEAM 教育)、创客教育等教育教学新模式中的应用,逐步形成创新课程体系。

据网经社发布的《2019 年度中国在线教育市场数据报告》显示,2019 年中国在线教育市场规模达 3 468 亿元,同比增加了 21.47%,在线教育的渗透率约 10%;2019 年中国在线教育用户规模达 2.69 亿人,同比增长了 33.83%。可见,在线教育呈现大幅增长的态势,未来网络课堂前景可期。

疫情是块试金石。2020 年突如其来的疫情,是教育信息化推进过程中一次规模宏大的实战演习,也是对这一阶段信息技术应用的一次大的考验。这场全国性大规模线上教学暴露了诸多问题,既是对此前教育信息化工作的全面检阅,也为未来工作的改进提供了方向和参考。授课平台良莠不齐,大量用户同时在线就会出现卡顿现象,甚至登录不上系统,或登录成功又被挤出系统;网络条件跟不上,经常出现信号不好,莫名掉线的现象;教师驾驭信息技术的能力不够,不能较全面地掌握平台的使用方法,有时开了声音和摄像头自己却全然不知,该说的不该说的都已悄然传播出去;网络课程没有统一的规划和管理,省级、市级、区级、校级的空中课堂满天飞,但没有级间协调和收看指导与规划,导致课程的作用大打折扣;线上教学模式陈旧,很多教师仍然采取“我讲你听”“满堂灌”的方式,把线下搬到线上,再加上学生“在线”情况真假不明,教学效果堪忧。从硬件到软件真正推进信息技术与课堂教学的融合,是势在必行的,也迫在眉睫。

2011 年 5 月,乔布斯与比尔·盖茨会面讨论关于教育和未来学校问题时曾经说过一句著名的话:“为什么 IT 改变了几乎所有领域,却唯独对学校教育的影响小得令人吃惊?”这便是教育领域的“乔布斯之问”。它是发生在教育领域敞开怀抱纳入计算机技术,大力开展教育教学信息化工作几十年后。因此,在教育界人士看来,“乔布斯之问”不是在给技术提出问题,而是在给教育提出问题。

可见,“互联网＋教育”的真正瓶颈不在技术层面,而是在于教学观念和教学模式。如何真正让学生在“互联网＋教育”中积极参与、全程互动、永不“掉线”,是我们在未来课堂教学中要重点研究的重要课题。

从信息技术在教学中的具体应用现状来看,有一些现象与目标方向还存在一定的偏差:

(1) 教学中存在为了用信息技术而用信息技术的现象,不重视实效性。

教学中有的老师整节课都是在边播放课件边讲解,除了把主要的知识播放出来外,就连每一个步骤与过程,甚至每一句话都呈现在课件上。课件背景也煞费苦心,甚至还配上背景音乐和按键声音。整节课的设计就相当于把文本搬上屏幕,教学就相当于把文本变成声音,尤其对于例题的解答过程和定理的证明过程也都用文本呈现出来。完全用多媒体课件替代黑板,整节课的教学容量往往也很大,把传统教学的"满堂灌"变成了"机灌",让计算机真正成了"满堂灌"的帮凶。过多使用图片、声音、视频等素材,很可能会分散学生的注意力。这种运用信息技术进行课堂教学的做法,只注重教师的教,而忽略了学生的学。学生在学习过程中的主体地位得不到体现,教学效果往往也不理想。

数学定义、公式、法则、定理、公理、例题等内容的教学中,有些内容可以借助信息技术化繁为简、化难为易,可以让学生看到直观形象或动态过程,有助于教学难点的突破和教学重点的突出。但有些内容不一定适合用信息技术展示,比如向量的概念教学,概念本来就比较多,如果把所有概念都堆砌到课件中,教学时照本宣科,学生就容易对概念的理解模糊不清。如果把向量概念的产生背景和形成过程利用图和动画进行适当的演示,课件简洁、重点突出,反而有助于加深学生对概念的理解与接受,教学的实效性也更强。

（2）教学中存在信息技术牵制学生思维的现象,忽视学生的认知规律。

数学是一门逻辑性很强的学科,数学教学也非常注重逻辑性。如果教没有逻辑性,那么学就很难有逻辑性。数学内在的逻辑往往是通过教师的严谨分析体现出来的,这正是数学教学的艺术。

有的教师把整节课的各个环节都按照教学设计的思路做成了课件,按部就班地进行教学,一旦学生说的情况与课件不一致,或者学生出现了不一样的答案或结论,就会让教学陷入尴尬的境地,课堂教学的灵活性和交互性表现出不足。而真正灵动的教学是遵循学生认知规律的教学,是学生思维真正参与的教学,是师生互动发生较多、较深入的教学。如果学生是在线上面对网络课程进行学习,课程的交互性设计则要求更高;如果学生是线下结合多媒体进行学习,课件设计则应给多种可能的思路多留一些空间,不要让学生的思维囿于课件的播放。

（3）教学中存在学生沉迷电子设备和网络的现象,影响正常学习。

学生的自控力普遍较弱,在面对电子游戏和网络游戏时表现尤为明显。北京市海淀区某未来学校的"一对一数字化未来学习"项目中,学生人手一台苹果电脑,上课均利用电脑和网络进行学习。不自觉的学生常常会在教师教学的空档偷偷玩起游戏。这种现象如果不能得到有效控制,长久下来对学生的学习会产生很大的不良影响,尤其是有的游戏和网络中还存在一些不健康的内容。所以,学校就在电脑使用公约中提出了一个15°角的概念,即要求学生在课堂上不使用电脑进行学习时,把电脑合成15°角。同时,学校还会从网络后台进行监控。

有的公司开发人工智能学习平台,与学校合作时会提供PAD给学生使用,为防止学生沉迷于游戏和网络,开发公司把PAD的所有其他功能都限制起来,让PAD只能作为学习工具使用。

现在智能手机非常普及,手机App也名目繁多。针对一些含有色情暴力、网络游戏、商业广告及违背教育教学规律等内容的App进入部分中小学校园的现象,教育部办公厅2018年12月25日发布了《关于严禁有害App进入中小学校园的通知》,要求按照"凡进必审""谁选用谁负责""谁主管谁负责"的原则建立"双审查"责任制,目的是营造良好"互联网＋教育"的育人环境,保障中小学生健康成长。

信息技术要实现健康发展、真正服务于教学,除了教育行政部门要进行限制外,还需要社会各界共同努力,共同营造一个良好的网络环境。

党的十八大以来,我国教育信息化事业实现了前所未有的快速发展,取得了全方位、历史性成就,实现了"三通两平台"("三通"指宽带网络校校通、优质资源班班通、网络学习空间人人通,"两平台"指教育资源公共服务平台、教育管理公共服务平台)建设与应用快速推进、教师信息技术应用能力明显提升、信息化技术水平显著提高、信息化对教育改革发展的推动作用大幅提升、国际影响力显著增强等"五大进展",在构建教育信息化应用模式、建立全社会参与的推进机制、探索符合国情的教育信息化发展路子上实现了"三大突破",为新时代教育信息化的进一步发展奠定了坚实的基础。

为深入贯彻落实党的十九大精神,加快教育现代化和教育强国建设,推进新时代教育信息化发展,培育创新驱动发展新引擎,结合国家"互联网＋"、大数据、新一代人工智能等重大战略的任务安排和《国家中长期教育改革和发展规划纲要(2010—2020年)》《国家教育事业发展"十三五"规划》《教育信息化十年发展规划(2011—2020年)》《教育信息化"十三五"规划》等文件要求,教育部于2018年4月13日印发了《教育信息化2.0行动计划》的通知。

通过实施教育信息化2.0行动计划,到2022年基本实现"三全两高一大"的发展目标,即教学应用覆盖全体教师、学习应用覆盖全体适龄学生、数字校园建设覆盖全体学校,信息化应用水平和师生信息素养普遍提高,建成"互联网＋教育"大平台,推动从教育专用资源向教育大资源转变、从提升师生信息技术应用能力向全面提升其信息素养转变、从融合应用向创新发展转变,努力构建"互联网＋"条件下的人才培养新模式、发展基于互联网的教育服务新模式、探索信息时代教育治理新模式。

纵观我国教育信息化发展历程,党的十八大和十九大分别是教育信息化 1.0 时代和 2.0 时代的里程碑。在 20 世纪 90 年代,电脑、数码相机、多媒体教室等数字化设备逐渐普及。进入 21 世纪,学校基本都实现了网络办公,教师、学生可以随时随地进行教育学习活动。校园互联网和数字化校园基本普及,班班通一体机、电子书包、电子白板与电子黑板、VR 实验室、创客空间、智慧教室等教育信息化硬件条件逐步完善。到了本世纪 10 年代,全面进入"互联网＋教育"的具体实施阶段。人工智能、大数据、区块链等技术迅猛发展,将深刻改变人才需求和教育形态。智能环境不仅改变了教与学的方式,而且已经开始深入影响到教育的理念、文化和生态。新形势下教育变革势在必行。我国已发布《新一代人工智能发展规划》,强调发展智能教育,主动应对新技术浪潮带来的新机遇和新挑战,推进新技术支持下的教育教学创新。

第二节　信息技术的应用原则

信息技术在数学教学中的应用越来越普及,这主要有两个方面的原因:一方面是计算机、网络、App、电子黑板等硬件条件越来越完备,另一方面是教师的操作技能普遍越来越熟练。运用信息技术进行数学教学,不能只是为用而用,停留在表面层次,而应该注重实质效能。信息技术普及只是外部因素,运用信息技术与教学高效之间并不能简单划等号。要真正发挥信息技术在数学教学中的作用,还应遵循以下几项原则。

1. 实效性原则

在数学教学中运用信息技术首先要注重实效性。有些数学内容适合于运用信息技术进行教学,而有些内容并不一定适合。例如,函数图象随着参数变化而变化的情况,几何图形中的运动变化规律,概率统计中的数据处理等,均适合于运用信息技术进行演示与运算;但纯文本的知识内容以及一些问题的解答过程运用信息技术进行呈现则意义不大。一般而言,我们应该针对教学重点和教学难点进行设计,运用信息技术设计动画、统计数据、研究变化规律、呈现数学直观等,从而切实为数学教学突出重点、突破难点服务,真正提高信息技术在数学教学中的实效性。

2. 互动性原则

无论是现场的课堂教学,还是非现场的线上教学,信息技术的运用都要充分体现师生互动性与"生机"互动性。互动的根本目的是促进学生在教学过程中的思维参与。在现场的课堂教学中,如果课件太殷实、内容缺乏互动性,这就会导致我们的教学变成"满堂灌",学生的思维就很容易表层参与甚至溜号。在非现场的线上教学中更是如此。如果课件留有足够的时间空隙,设计也有互动环节,学生的思维就比较容易参与进来。例如,我们可以在课堂教学中设置定时器让学生思考要回答的问题,设置答题器让学生现场答题并及时统计答案数据,设置抢答器让学生参与问答并给予相应的评价,设置分组讨论让学生三五成群进行交流,等等。非现场的线上教学甚至还可以设置闯关游戏。例如,把课程分成几个"关卡",学完第一关要求做几道巩固练习题,满分即可进入下一关,否则需要重新学习第一关。可汗学院(Khan Academy)的精熟教学法正是充分调动了学习者的闯关挑战性:学生每一次只需要花 12 分钟的时间就可以学习一个知识点,每个小节学完后,学生必须连续答对 10 个问题才能进入下一个知识点的学习。

3. 适中性原则

适中性原指一种不偏不倚的教学思想,这里引用过来表达信息技术的运用要适度美观、简洁大方。信息技术的运用如果过于花哨,就会喧宾夺主,分散学生的注意力;如果过于朴素,又会黯然失色,不能激发学生的兴趣。课件界面要简约而不简单,信息技术在教学中的使用功能要实用而不繁琐,教师好操作,学生易上手,不能冲淡教与学的主体进程。

在数学教学中运用信息技术如何做到适中呢?首先,要制作一个得体的模板,包括字体、字号、颜色、导航图标等;其次,要结合教学内容设计合适的教学形式与互动活动,包括数学动画、数形结合、答题互动等;再次,要结合学生的生活经验和知识经验设置合适的问题情境,包括现实情境、数学情境、科学情境、历史情境等;最后,要结合学生的知识基础和能力基础设置适当数量的数学问题,适度将信息技术的形式与数学教学的内容相结合,激发学生的学习兴趣。

4. 逻辑性原则

无论是传统的线下教学,还是运用信息技术的现场教学或线上教学,无论是教师的教,还是学生的学,都必须有逻辑性。没有逻辑的教学,既不利于学生对知识的理解和接受,也不利于学生对新的知识体系的建构。这样的教学效果也不会最佳。运用信息技术本身在一定程度上会分散学生的注意力,如果逻辑性不强,主线不突出,学生在学习过程中的有意注意就更容易受到影响。

运用信息技术的逻辑性,一定要符合学生的年龄特征和心理特征,要遵循学生的认知规律。不同学段的逻辑性表现也有所不同。瑞士心理学家皮亚杰将儿童认知发展划分为四个阶段:第一阶段是感知运动阶段,从出生一直持续到第 18个月;第二阶段是前运算阶段,从儿童学习一种语言开始持续到大约 5 岁至 6 岁;第三阶段是具体运算阶段,从 6、7 岁到青少年早期大约 11、12 岁;第四阶段是形式运算阶段,从青少年期持续到成人期。在第三阶段,儿童开始领会特定因果关系的逻辑基础;学生的认知特点是思维的抽象逻辑性占主要地位,但还处于经验型的逻辑思维阶段,处于感性思维向理性思维的过渡阶段。在第四阶段,学生的思维水平可以同时加工多个相互作用的变量,可以创建一套解决问题的法则;学生的认知特点是辩证逻辑思维和创造性思维在这一阶段有了大幅发展,元认知能力也日益增强。

5. 结合性原则

我们可能经常听到数学教师有这样的说法:数学课就需要一块黑板和一支粉笔,不太适合于整节课用多媒体上课。原因大概是因为播放课件速度太快,学生思维跟不上。但是我们知道,信息技术也有所长,它能解决传统教学中某些力所不及的事情,例如展现函数图象变换与几何图形变换的直观性。所以,我们的观念也要与时俱进,用不用信息技术进行教学不能一概而论,要注重将传统教学与信息技术相结合,学会采用"混合式"教学形式。

"混合式"教学是把传统的"面对面"教学的优势和"互联网＋教育"学习的优势结合起来,从而取得最优化学习效果的学习方式。混合式教学的重点不是在于混合哪些内容和形式,而在于对教与学的关系进行重新定位。好的混合式教学对教与学、师与生在学习发生过程中的关系有了根本的转变。"讲授——接受式"的教学观念往往坚持"以教师的教为中心"的教学思想;"活动——探究式"的教学观念常常强调"以学生的学为中心"的教学思想。"混合式"教学则兼容并包,兼取二者之长,但又不是两者的简单叠加。

在第四届中国教育创新成果公益博览会的演讲中,希瑟·斯特克(Heather Staker)把基础教育阶段的混合式教学分为四种模式:转换模式、弹性模式、菜单模式和增强型虚拟式,有兴趣的读者也可以研读迈克尔·霍恩(Michael B. Horn)和希瑟·斯泰克(Heather Staker)的著作《混合式学习:用颠覆式创新推动教育革命》。混合式学习让教师获得更多的自由度与灵活度,让学生获得更多个性化、定制化学习体验。当然,我们也要适当注意它可能产生的负面影响。

第三节　微课的制作与应用

一、微课的分类

微课是指以视频为主要载体,记录教师在课堂教育教学过程中围绕某个知识点或教学环节展开的精彩的教与学活动的全过程。微课不是一节完整的课,也不是一节课的教学片断,更不是一套完整的课程,而是针对某一知识点录制的相对完整的教学微视频,以及相关的教学资源与学习资源,其核心内容是教学视频。数学课程中的微课一般是针对教学重点、教学难点、例题习题、答疑解惑等录制的微视频及上传的相关文本资料。

微课的最大特点在于"微"字,概括地说,微课有"时间短、内容少、体积小"的特点。从教学时长看,一般为3~5分钟,最长不超过10分钟。相对于传统的40分钟或45分钟的一节课而言,微课相当于一个小的课例片断,也可称为微课例。从教学内容看,一般为某一个具体的概念、法则、公式、定理、例题、习题等,主题集中、突出,课例相对比较完整、独立。从课例视频文件的大小来看,一般只有几十兆左右,方便师生在线观摩查看以及下载视频及教案、课件等学习资源。视频格式一般是支持网络在线播放的流媒体格式,如 MP4、RM、WMV、FLV 等。

按常用教学方法分类,数学微课可分为讲授类、启发类、讨论类、演示类、练习类、合作交流类、自主探究类等。

按核心教学环节分类,数学微课可分为旧课复习类、新课导入类、新知(包括概念、公式、法则、定理、公理等)讲授类、例题讲解类、练习巩固类、小结拓展类等。

按主要制作技术分类,数学微课可分为实景拍摄类、电脑录屏类、仿真动画类。

其他与数学教学相关的微课类型还有:说课类、无生试讲类、活动类等。

实际上,分类标准不同,微课的分类也所有不同。微课的分类不是一成不变的,正如教学方法与手段在不断创新一样。随着教学理论和信息技术的发展和完善,微课的分类往往也随之变得丰富起来。一般地,一个微课都会对应一种微课类型,有时也会对应两种或更多种微课类型。我们要勇于创新,敢于尝试,在实践中创造出更多的微课类型。

下面详细介绍十种常见的微课类型:

(1)讲授类:教师综合运用自然语言、数学语言、符号语言、图形语言向学生传授知识的一种微课类型,知识包括旧知复习、新知引入、例习题讲解等。其中例习题讲解常常借助电子白板或数位板进行推理演算。讲授类是最常见、最主要的一种数学微课类型。按微课的录制场景与效果,讲授类微课又可分为三类:第一类是课堂实录版,第二类是画中画版,第三类是纯音版。

(2)启发类:教师根据教学内容设计具有启发性的数学问题,逐步引导学生思考,发展学生思维,调动学生积极参与的一种微课类型。教学内容可以是数学概念、公式、法则、定理、公理、例题、习题等。启发类微课的典型特征是设计问题串,可以是问答式,也可以是设问式。随着问题串的推进,学生思维逐步深入,进而逐步理解和接受教学内容。

(3)讨论类:教师结合教学内容设置相关主题,引导、组织学生进行分组讨论、各抒己见、共同研讨、相互激发、集思广益的一种微课类型。讨论类微课与启发类微课不同,所讨论的往往不是一个问题或问题串,而是一个主题或一类中心问题,具有一定的概括性。

(4)演示类:教师借助实物教具或信息技术,对某一数学知识进行演示讲解的一种微课类型。实物教具包括挂图、卡片、三角板、量角器、圆规、椭圆规、对数尺、立体几何教具等。信息技术包括计算机数学软件,如几何画板、GeoGebra、Excel、Mathematica、MATLAB、Maple、LINDO等。

演示类微课一般包括两种形式：一种是纯课件的演示与讲解，即借助课件采用幻灯片式的播放讲解，录制而成的微课；另一种是手写类演示与讲解，即借助手写工具进行板书讲解，录制而成的微课。手写工具可以是传统的纸笔，也可以是电子笔或电子数位板。前者直接用摄像头拍摄制作视频，后者可以录屏或借助某些平台进行录制。

（5）练习类：教师借助视频或声音与文本，指导学生完成某一针对性练习的一种微课类型。在教师的指导下，学生依靠自觉的练习和校正，可以反复地完成操作与练习，以形成数学运算与推理技能。教师可以在微课中给出练习答案与解题步骤的规范要求和解题示范。

练习类微课包括单一练习模式和过关升级模式。所谓单一练习模式，是指将某一主题练习呈现出来，给一定的时间限制，然后判答讲解，学生可以反复重做。过关升级模式，是指将某一主题练习按难度和能力要求设置成若干个级别，做完一个级别的练习方可进入高一级别的练习，直到通关。练习类微课往往需要人机互动。没有互动的练习类微课往往等同于习题练习与视频讲解。

（6）说课类：教师将某一主题的教学内容采用说课的方式录制而成的一种微课类型。微课虽然时间短，但教学设计也应该具有完整性。因此，说课类微课往往只能针对某一个主题或某一条主线展开，突出重点。切入课题要快，不能冗长；讲解要突出"说"字，注重对数学知识与方法的分析和对比；小结要精简、概括、提升，要对整个说课进行一个提炼。

（7）活动类：教师根据教学设计，有计划、有步骤地进行活动要求讲解、活动组织开展、活动结果评价而录制的一种微课类型。因为是微课形式，所以设计的数学活动要求单次活动时间短、参与人数少、内容精简、主题突出、设计精妙、实践有效、评价方式创新，进而实现活动效果以小见大的作用。

（8）实景拍摄类：这类微课的主角是教师，制作工具是摄像机和后期视频制作软件。教师可以像正常上课一样，利用黑板、课件、模型，或者利用触摸一体机进行演示与板书，同时讲授核心数学知识与方法。拍摄人员对教师的讲授过程全程拍摄下来，然后对视频进行专业化的后期制作，添加视频特效及字幕，结合与课程相关的背景资料进行必要的编辑和美化。

（9）电脑录屏类：这类微课的制作相对比较简单，教师可以先打开电脑录屏软件，调整好录屏界面的位置，然后结合电脑演示课件正常讲课，讲课结束后点击录屏结束键，最后用后期视频编辑软件进行适当的编辑和美化，生成微课视频。录屏软件将对整个讲解过程中的声音和电脑屏幕上的演示都进行录制。录制时可以选择是否录制教师本人的头像。PowerPoint 就可以轻松实现录屏功能，最新版本的 PowerPoint 还可以录制教师头像的画中画。

在录屏过程中，教师还可以借助触屏电脑或 PAD(带手写笔)或手写数位板对教学过程中的重点内容进行标注，对难点内容进行手写板书与讲解，就像教师在教室黑板上讲课一样真实、生动。

（10）仿真动画类：这类微课的主角是动画角色与场景，教师一般不出现在视频中。制作工具是计算机动画设计软件，需要有一定的专业知识和软件操作技能。这类微课制作首先由设计者按照教学内容建立一个虚拟的世界，然后按照要表现的对象的形状尺寸建立模型以及场景，再根据要求设定模型的运动轨迹、虚拟摄影机的运动和其他动画参数，最后按要求为模型赋上特定的材质，并打上灯光进行渲染，最后生成微课视频。仿真动画类微课就像一部微电影，情境、场景真实，制作成本低，可以将抽象概念与法则具体化，能帮助学生突破理解上的难点。

此外，对数学中创设情境的教学也可以设计出故事主线，收集和加工相关的图片、视频、音乐、动画等素材，按照讲述故事的形式制成 3～5 分钟的课件，由数字故事(digital storytelling)发布为视频而产生可视化的微课。数字故事起源于20 世纪 90 年代初期，作为一种新的交流学习方式，对培养学生的创造能力、表达能力、解决问题的能力以及学生的多元智能发展起着积极作用。

现在网上的微课平台有很多。有的平台基本集齐了中小学所有学科的微课程，有的平台还开通了教研频道。由教育部教育管理信息中心指导、中国教育发展战略学会教育管理信息化专业委员会和北大未名集团主办的中国微课网(http://www.cnweike.cn/)还开设了微课征集活动、翻转课堂课题研究、翻转课堂教学平台、教师专业培训等栏目。其中"微课征集活动"栏目链接是中国微课(http://dasai.cnweike.cn/)，主要是组织微课大赛及进行微课作品展示，"翻转课堂教学平台"栏目中含有 10 万余节微课。当然，现在的微课网络平台良莠不齐，而且很多平台都是商业行为。

由北京市教育委员会主管、北京教育科学研究院指导的北京数字学校网站(https://www.bdschool.cn/)提供了很多数字课程，尤其在新冠肺炎疫情期间还开通了 1～12 年级的"空中课堂"直播课，也可以随时回看，直接服务于北京市的广大中小学生。我们期待全国能有更多、更好的政府微课平台产生，切实推进我国教育信息化2.0时代的进一步发展。

二、 微课的制作

数学微课的制作过程主要包括前期开发和后期开发两个阶段（如图1-3-1）。前期开发阶段主要是进行教学内容的选题和分析，以及微课的设计；后期开发阶段主要是进行视频的拍摄与制作、微课的实施、评价与分享。

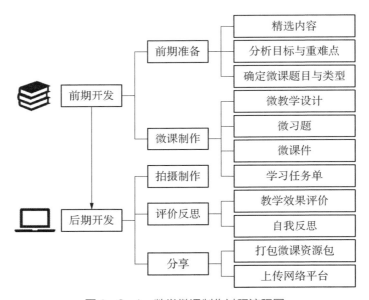

图1-3-1 数学微课制作过程流程图

可见，制作出一个好的微课，应当包括从微课选题，到微课制作，再到微课发行的全过程。好的微课的制作环节可以概括为五个字：精、细、美、清、完。具体地说，主要包括如下环节：

（1）精选微课的教学内容。数学教学主要包括数学概念与定义、数学公式与法则、数学定理与公理、数学例题与习题、数学思想与方法等内容。微课的教学内容一般选择一个相对独立、完整、微小的内容或教学环节，选择的这一环节能有效解决教学过程中的重点和难点问题，对教师的课堂教学与学生的自主学习有帮助作用。要特别注意的是，微课的选题不宜太大，要能够在10分钟内讲解透彻。如果某一独立、完整的主题内容实在太大，可以按照知识内在的逻辑关系将其划分成多个小知识点,并制作成该主题内容的系列微课。

选题确定后,设计微课前,要根据微课的主题内容选择适当的微课类型。这样有助于形式和内容的统一,有助于提高微课的针对性,从而提高微课的实用价值和教学效果。

(2)细做微课的教学设计。微课虽小,但也需要一个科学、完整、精炼的教学过程,包括教学目标、教学重点、教学难点、教学过程(主要是提出问题和解决问题)、微课小结、微课反思等。所以,微课的教学设计应该要素齐全,内容精确,注重实效。习题要有针对性与层次性,难度等级要合理。微课的反思应该真实细致,落到实处。教学内容的组织与编排要符合学生的认知规律,应满足设置合理、逻辑性强、明了易懂的要求。概念描述要科学严谨,文字、符号、单位和公式等应符合国家标准,符合出版规范;作品无著作权侵权行为,无敏感性内容导向。

微课主要可分为三个部分:引入——讲授——小结。由于微课时间短,所以微课的教学设计一定要快速切入课题,以便把更多的时间留给正题的讲授。正题的讲授要突出主线和重点,要注意适当设疑、巧妙启发、积极引导。小结要短小精悍、一语中的、科学快捷,要起到画龙点睛、概括提升的作用。

此外,教学活动要利于学生自主学习、方便教师教学使用,实现通用性好、交互性强,能够有效解决实际学习及教学问题,能够高效完成设定的教学目标,最终促进学习者思维的提升和能力的提高。微课应构思新颖,富有创意,符合创新教育理念,体现新教材教学方法,教学过程也要深入浅出,形象生动,精彩有趣,有较强的启发引导性,要有利于学生的学习积极性和主动性的提升。

(3)美化微课的教学课件。微课的课件虽然不是微课的关键内核,但在一定程度上会影响微课的教学效果,好的微课课件往往是内容与优美形式的完美统一,对微课而言是锦上添花。学生在微课学习中,听觉上接受的是教师的声音,而视觉上直接面对的就是课件。所以,微课课件的设计要形象直观、层次分明、重点和难点突出、图文并茂、有声有色、字体字号与颜色搭配合适,从而营造一个生动逼真的小教学环境,激发学生的学习兴趣,真正以学生为中心,改变传统教学的单一模式,使学生乐学乐思。

微课的课件除了美感,还应注意动静结合。静态画面能给人更多的思考空间,动态画面则能使过程更生动具体。因此在设计微课课件时要注意让动态画面和静态画面有机结合起来,这样才能更好地增强微课的教学效果。

此外,微课课件呈现的信息量要适中,界面要利于操作。微课课件信息量太大,学生接受困难;信息量太小,学生过于轻松;信息量适中,则有利于突出教学重点,突破教学难点,扩大学生视野,使学生通过多个感觉器官获取丰富的信息。微课课件的操作界面要尽量简洁易懂,菜单按钮要灵活可靠,避免过多过复杂的键盘操作,避免层次太多的交互操作,尽量设置好各部分内容之间的转移控制,可以方便地进行前翻、后翻、跳转。操作界面要以方便教师的教和学生的学为宗旨,不要一味追求复杂的功能和华丽的菜单与按钮。

（4）录制清晰的微课教学视频。影响微课录制效果的因素主要有两个方面:一是教师的基本功,二是视频录制及后期制作。教师基本功包括使用规范且富有感染力的语言,标准的普通话或英语,漂亮的板书,清晰响亮的声音,抑扬顿挫的语调,清晰的表达逻辑等。视频录制及后期制作包括利用什么设备录制视频(如采用 DV 摄像机、数码摄像头、智能手机、录屏软件等),视频画面的清晰度如何,图像是否稳定,构图是否合理,声音和画面是否同步,视频是否有卡顿,音质和音量是否适当,是否能全面真实地反映教学情境,微课视频的时长是否合适(一般不超过 10 分钟),后期制作效果如何,等等。

（5）完整打包微课的相关资源。

微课视频录制、制作完成之后,还可以整理与选题相关的辅助扩展资料,如微教学设计、微习题、微课件、微反思等,形成一个教学资源包,以便其他教师和学生传播、使用。

三、 微课的应用

"微课"因其具有教学时间较短、教学内容较少、资源体积较小等特点,所以资源使用非常方便。对教师而言,微课将革新传统的教学与教研方式,突破教师传统的听评课模式,是教师专业成长的重要途径之一。对于学生而言,微课能更好地满足学生对不同学科知识点的个性化学习、按需选择学习,既可查缺补漏又能强化巩固知识,是传统课堂学习的一种重要补充和资源拓展。在网络时代,随着信息与通信技术的快速发展,特别是随着移动数码产品和无线网络的普及,基于微课的移动学习、远程学习、在线学习将会越来越普及,微课必将成为一种新型的教学模式和学习方式。

微课在教学中的作用应该定位于解惑而非传道。微课可以辅助教师教学,以及为学生进行自主在线学习提供方便,但它不能代替完整、系统的课堂教学。概括起来,微课的应用与作用大致可以包括以下四个方面:

(1)作为教学资源,辅助教师授课。

我们知道,微课在形式上是一段不超过 10 分钟的视频,它与动画、图片、文本等内容一样,也是支撑教师教学的一种教学资源。在教学过程中,微课可以被安插在课件当中,也可以被单独播放,用来解决某一个知识点或教学环节中的重难点问题。

微课是一段微视频,但它与微视频、教学视频片断是有区别的。微课有它自己的完整性,包括提出问题、解决问题、概括总结等过程。一般的微视频或教学片断未必有比较完整的教学过程,因而不一定能称之为微课。

从这种意义上说,把微课当作微视频安插在教学过程的某个环节中,辅助课堂教学完成某一特定的教学目标,解决教学过程中的某些重难点问题,只是发挥了微课的低级效能。

微课可应用于新授课的诸多环节,例如,课前复习环节可以根据学生已有的知识基础提炼出复习问题,然后解决问题并作出小结,最后设计制作微课;新课讲解环节可以根据新知的重点或难点,提出具有一定挑战性的问题,然后解决问题并作出小结,最后设计制作微课;例习题教学环节可以根据需要巩固的知识和方法,精选出例题或练习题,根据知识或方法提出问题,围绕例习题渗透讲解知识与方法,最后作出小结并制作微课。

(2)作为学习资源,辅助学生自主学习。

微课既然是一段完整的课,它就应当具有相对的完整性和独立性,即使不被安插在特定的教学环节之中,也能作为学生自主学习的一种资源。这才能真正发挥微课的独特效能。

有了微课,有了移动智能设备,有了互联网,"泛在学习"就具备了发生的必要条件。只要愿意,我们就可以随时随地进行 4A(Anyone, Anytime, Anywhere, Anydevice)学习了。微课就真正成为了学习者的"精神快餐"。因此,微课是"互联网+教育"下的重要学习资源。

从这种意义上说,微课比慕课更加方便。我们不需要有 45 分钟的整块时间来进行系统学习,只需要有几分钟的时间就可以完成一个知识点的学习,完全可以利用碎片时间见缝插针地进行自主学习!微课也因此而熠熠生辉了。

不同学生的学习节奏本来就不是完全同步的。为了方便学生自主学习,教师把学习中的重点和疑难问题制作成微课,上传到网盘、微信公众号、UMU 等平台,学生便可以随时点播学习,不同程度的学生还可以根据自己的基础和接受程度控制视频播放的快慢,甚至可以反复播放,使得因材施教的个性化学习真正发生。

(3) 作为自主学习内核,为新的教学方法服务。

作为"互联网+"背景下的学习资源,微课的优势在于它的完整性和独立性。伴随着泛在学习或 4A 学习的发生,很多新的教学方法也随之产生了。例如,自主式学习、翻转课堂、混合式学习、远程学习、探究性学习等教学方法与学习方式,虽然离不开互联网,尤其是移动互联网的支撑,但它们真正的支撑是微课。因此,微课才是自主学习的内核,是诸多新的教学方法的催生者。

基于上述微课的应用分析,我们可以看到,正是因为有了微课,所以各种教育理论才有了实践的可能。这正是微课的最大意义所在。

现在的微课,是对过去"课堂实录"以及同样基于"互联网+"的慕课的一种改良。过去的"课堂实录"以及慕课资源往往大而全,难以直接使用。就像积件与课件的关系一样,课件往往不适宜于直接拿来使用,而积件则可以适应不同类型的教师和学生,具有高度的灵活性和可重组性。当我们有了相对完备的共享"微课库",教师就可以从中选择不同的微课组合使用,学生也可以按照知识点或者在教师的指导下来选取微课,将这些"碎片化"的微课串成相对完整的整体学习。所以说,无论是对于学生还是对于教师而言,微课无疑都是一次思想改革和行动革命,它将促成教学方法与学习模式的巨大改变。

(4) 作为需要开发的资源,促进教师的专业成长。

制作微课的过程就是一个微研究的过程,教师在实际教学中把发现问题、分析问题、解决问题的过程制作成微课,既可以供不同教师循环使用,又便于教师对知识与方法进行整理与分类。当微课借助平台共享、传播的时候,微课开发者的思想就传播给了更多教师,这也是进行教学经验和方法分享的一种新的交流方式。微课的开发是一个教学反思的过程,也是一次信息技术运用的过程,所以,微课的制作既能有效促进教师的专业成长,又能提高教师学科教学与信息技术整合的能力。

从制作微课的全过程可以更细致地看到微课对教师专业发展的作用。在选取课题时,需要教师准确把握教学目标,明确教学重点和教学难点。设计微课,或针对概念教学,或针对数学运算,或针对数学公式,或针对数学定理,或针对新课引入,或针对拓展延伸,无论哪一点,都能加深教师对教材内容的进一步理解。在设计内容与讲解时,需要教师深入研究学情,真正了解学生;教学内容的落实要配合适当的教学节奏,熟练的现代信息技术技能;教学语言要简明扼要,逻辑性强,讲解过程要流畅紧凑。这些都能提升教师的教学技能与基本功。在进行小结时,需要教师准确概括微课的主要内容及核心方法,这也有助于提升教师的概括能力。

当然,制作微课还需要教师不断拓展自己的视野和知识面。只有不断学习,才能满足学生日益增长的需求。教师在整个教学过程中,经历着"学习——实践——反思"的循环往复、螺旋上升的过程。教师的教学研究水平和信息技术能力也在不断提升。

微课,最终让教师从制作的细节中追问、实践、反思、变革,由学习者变为开发者和创造者,并在操作与思索中不断成长。

第四节　常用数学应用软件简介

一、 课件制作软件[①]

1. PowerPoint

制作课件的软件很多,但常用、简单、易操作的当属 PowerPoint,与之类似的还有 Wps 以及 Mac 版的 Keynote。

PowerPoint 是 Microsoft Office 中的一款软件,使用 Microsoft Office PowerPoint 可以创建和编辑用于幻灯片播映、会议和网页展示的演示文稿。Microsoft Office PowerPoint 的基本功能就是幻灯片播映,但它的一些"自定义动画"可以做出我们数学课件中的变换效果。例如,"强调(M)"中的"闪烁"可以制作闪烁提示的效果,"强调(M)"中的"陀螺旋"可以制作图形旋转的效果,"强调(M)"中的"放大/缩小"可以制作相似变换效果,"动作路径(P)"中的"正弦波"可

---

① 吴中才.多媒体数学课件制作[M].上海:华东师范大学出版社,2009.

以制作模拟画正弦函数图象的动画效果,"动作路径(P)"中的"向右"可以制作向右平移的动画效果。Microsoft Office PowerPoint 还可以插入声音、动画、flash、链接,使演示更丰富多彩,还有"自定义动画"中的"进入(E)""退出(X)"都可以制作出一些意想不到的显示效果,实现意想不到的效果,例如适当调节显示速度可以制作一段文字与声音同步的显示效果,精心设置"出现"与"消失"的"延时"时间可以制作学生练习时的倒计时进度条。使用 Microsoft Office PowerPoint 制作课件,方便快捷,效果不错,应当是制作课件的首选软件。

PowerPoint 的主要特点有:

(1) 强大的制作功能。具有文字编辑功能强、段落格式丰富、文件格式多样、绘图手段齐全、色彩表现力强、动画效果多、超强的链接功能等特点。

(2) 通用性强,易学易用。PowerPoint 是在 Windows 操作系统下运行的专门用于制作演示文稿的软件,其界面与 Microsoft Office 的其他几款软件界面相似,使用方法也与 Word 和 Excel 大致相同。此外,PowerPoint 还提供了多种幻灯版面布局、多种模板以及详细的帮助系统。

(3) 强大的多媒体展示功能。PowerPoint 演示的内容可以是文本、图形、表格、声音、视频以及 Flash 动画等,并具有较好的交互功能和演示效果。

(4) 简单易用的视频导出功能。PowerPoint 可以从文件菜单中的"导出"菜单将演示文稿导出为 MP4、MOV 等视频格式,对于没有设置时间的每张幻灯片上所用的秒数可以自主设置为 1~1 000 秒。特别地,如果事先使用"幻灯片放映"中的"录制幻灯片放映"功能,可以将原来的演示文稿的每一张 ppt 都录制好计时和旁白,然后再导出视频,这样我们便可轻松制作带声音和计时的 ppt 播放视频。新版 PowerPoint 还可以录制画中画,将录制者的头像以画中画的形式呈现在录制计时和旁白的演示文稿之中。

2. Articulate[①]

Articulate Studio 是目前世界上最流行、使用最广泛的一款快速电子学习课件制作工具,它是基于微软的 PowerPoint 使用的,包含 Articulate Engage、Articulate Quizmaker、Articulate Video Encoder 和 Articulate Presenter 四个核心工具。e-Learning 编写者可以从 PowerPoint 入手进行 e-Learning 的设计开发,

---

① http://www.elearning99.com/banner_articulate.html.

可以加入旁白、视频、Flash 动画、互动模块、测试题等，也可以将 PPT 导出为符合 AICC 或者 SCORM 标准的 Flash 或者 HTML 5 的课件，适合想要将 PPT 快速转换为在线课程的用户。

Articulate Studio 13 已将 09 版 Video Encoder 的功能合并在 Presenter 中，把原来的四个核心工具整合成现在的三个，其中 Articulate Presenter 13 可以在 PowerPoint 中轻松添加内容，内置的 Articulate Replay 可以轻松创建视频文件；Articulate Engage 13 可以进行表单制作互动；Articulate Quizmaker 13 可以快速创建测试题。Articulate Studio 13 提供了很多有趣而实用的功能，无论是工具界面，还是内置功能，都给人一种耳目一新的感觉，重点解决了 HTML 5 格式和 iPad 播放不支持的问题。

Articulate Studio 的主要特点有：

（1）可以发布为 HTML 5 格式，支持 iPad 播放。这可以说是 Articulate Studio 13 最重要的新功能。不仅 Articulate Studio 13 可以发布为 HTML 5 课件，而且 Articulate Engage 的全新互动模型都可以发布为 HTML 5，并可以将原来 Articulate Engage 09 的文件转换为 Articulate Engage 13 对应的新模板，并发布为 HTML 5 格式。Articulate Quizmaker 13 也是如此。

当然，Articulate Studio 13 发布的 HTML 5 课件相比 Articulate Storyline 发布的 HTML5 课件还有一些不足之处，我们期待不断修复。

（2）统一的界面。Articulate Studio 13 使用了整洁统一的界面，不论是课程包含的 Quizmaker 评估系统，还是 Articulate Engage 项目，我们都可以在相同的界面下进行操作。该界面同时还整合了页面标题、测试题以及其他互动性项目，使 Engage 和 quiz 的页面不再有突兀之感。

（3）丰富的人物选择。在 Articulate Studio 13 中，我们可以为课程的各种项目添加丰富的人物形象，新版 Articulate Studio 拥有包含了上千种动作及表情的人物数据库，此外还可以通过下载来进行扩充。Articulate Studio 13 中的人物素材和 Articulate Storyline 中是一样的，而且 Articulate Quizmaker 13 和 Articulate Engage 13 也都有此功能。

（4）更加灵活的页面属性设置。Articulate Studio 13 中的 Slide Properties 页面令人耳目一新。我们可以为每个页面设置其页面和功能组件，例如在某个页面上是否需要显示左侧的目录，是否需要上下页导航按钮等。这让课件设计师有了更大的发挥空间。

（5）导入的视频格式更加广泛。不像之前 Articulate Studio 09 的版本只能插入 flv 或者 swf 的视频，Articulate Studio 13 版可以插入 AVI、WMV、ASF、MOV、QT、MPG、MPE、MPEG、M1V、M2V、MP4 等各种格式的视频，再没有视频格式转换的苦恼。

3. Articulate Storyline

Articulate Storyline 3 是行业领先的一款全球最受欢迎的互动电子课件制作工具，对于初学者来说足够简单，对于专业者来说又足够强大。只需几分钟，Articulate Storyline 3 就可以创建任何我们想要的互动，并且适用于任何设备播放。Articulate Storyline 3 的互动功能还进一步进行了优化，30 多种新功能让移动课程的传送更快速，更简单。这款软件不仅具备 PPT 的所有功能，操作界面也和 PPT 差不多，而且还在 PPT 的基础上增加了滑块、动作路径、时间轴、触发器、变量等功能，相比 PPT 更加强大、更加方便。

Articulate Storyline 3 的主要特点有：

（1）完美的兼容性和方便的模板。在 Storyline 中可以直接导入 PPT 页面，并进行进一步编辑，同时具有多种字体、动画以及多样化的页面模板的支持，给课件制作提供了极大的方便。我们可以从零开始或从模板开始构建幻灯片，也可以使用已经内置的电子学习课程中常见的交互性模板，还可以定制一个模板，或者下载免费幻灯片互动和课程模板，再从故事情节中访问新模板即可。Storyline 既有静态模板又有互动模板，其设计让课件开发变得更快捷、高效。

（2）丰富的人物选择。有大量生动、实用的矢量图人物角色模板，每种人物还有几十甚至上百种不同的表情和姿势，通过在课程中使用字符来更充分地与学习者联系，从而让课件更加丰富多彩，这样可以节省在网上搜索相关图片的时间。

（3）灵活的交互与互动功能。播放器自带声音控制、目录、进度控制条、词典等功能，让课件更加容易控制。通过软件当中的滑块、动作路径、时间轴、触发器、变量等功能就能轻松实现课件的互动。使用幻灯片层，可以在一张幻灯片上创建、编辑和管理多个交互。互动效果的设置简单、便捷，只需在互动功能面板中选择某一项互动功能，并进行相应设置，即可看到所要的互动效果。交互性可以通过操作菜单中的"跳转到幻灯片"或"显示一层"来构建，还可以利用组合触发器来创建更复杂的交互。Storyline 提供了 21 种动作和多种触发器事件，我们可以结合动作和图层制作出多种多样的交互效果。

（4）实用的测试评估功能。支持更多题型的测试题，如判断题、单选题、多选题、填空题、拖动题等，而且每种题型还有很多样式。此外，还提供了题库集和评估页面。题库集的主要功能是从课件编辑者设置好的题库中随机抽选出特定数目的题目，评估页面可以对测试进行打分。

（5）集成了屏幕录制功能。我们可以在编辑的同时录制屏幕，录制完毕点击Insert即可直接插入到Storyline场景或幻灯片中。Storyline可以插入任何类型的视频文件，支持Scorm 1.2和Scorm 2004标准，同时可以发布为HTML 5，在iPad和iPhone中均可播放。

（6）多种移动设备的适应性。创建好的Storyline课件点击发布后，新的反应播放器将动态适应平板电脑和智能手机屏幕，提供一个跨平台学习的最佳体验。它支持触摸屏手势，在手机播放时会自动隐藏目录菜单、导航按钮和播放器的边界，并自动生成适用于手机的导航按钮。

4. Flash

Flash是一种交互式矢量多媒体技术，他的前身是Future Splash，早期网上流行的矢量动画插件。后来Macromedia公司收购了Future Splash，并将其改名为Flash。Macromedia Flash MX影片是用于Web站点的图形、文本、动画和应用程序。它们主要由矢量图形组成，但是还可以包含导入的视频、位图图形和声音。Flash影片可以结合交互性，从而允许观看者进行输入，也可以创建与其他Web应用程序交互的非线性影片。Web设计人员可以使用Flash创建导航控件、动画徽标以及带有同步声音的长篇动画，甚至可以创建完整的丰富多彩的Web站点。Flash影片使用的是压缩的矢量图形，这使它们可以快速下载，并可以根据观看者的屏幕进行缩放。

Flash的编辑界面非常友好，并且也提供了非常详细和完整的教程，很多基本的操作（比如画线、变形以及移动等）一看便会，而一些高级的技巧则可以通过附带的例子来学习。Macromedia Flash MX用于数学课件制作可以做出栩栩如生的动画，如展开图、函数图象变换等。在Flash中，一般的动画都是依靠关键帧来实现的，方便又快捷。用户只需给出一个对象的几个关键动作，生成关键帧，系统就会根据需要在各个关键帧之间自动插入平滑的动画。

Flash的主要特点有：

（1）强大的图形处理功能。Flash 是基于矢量的图形系统，各元素都是矢量，只要用少数向量数据就可以描述一个复杂的对象，占用的存储空间只是位图的几千分之一。矢量图像随意放大都不会降低画面质量。Flash 具有灵巧的图形绘制功能，而且还能导入专业级绘图工具，如 Macromedia FreeHand、Adobe Illustrator 等绘制的图形，并产生翻转、拉伸、擦除、歪斜等效果，还可以将图形打碎分成许多单一的元素进行编辑，并改变其颜色亮度。

（2）方便的变形功能。Flash 能很方便地进行物体的变形和形状的渐变，其发生完全由 Flash 自动生成，无需人为地在两个对象间插入关键帧。

（3）强大的媒体功能。Flash 可以很方便地处理声音和动画。Flash 支持同步 WAV（Windows）和 AIFF(Macintosh)格式的声音文件和声音的连接，可以用同一个主声道中的一部分来产生丰富的声音效果，而无需改变文件量的大小。

（4）独立性。Flash 可以将制作的影片生成独立的可执行文件（EXE 文件），在不具备 Flash 播放器的平台上，仍可运行该影片。

（5）体积小，便于传播。Flash 生成的独立可执行文件体积小，便于网上传播。Flash 文件影片其实是一种"准"流(stream)形式文件，在网上观看一个大动画时，可以不必等到影片全部下载到本地再观看，而是可以边下载边观看，丝毫不影响欣赏效果。

5. Authorware

Authorware 是 Macromedia 公司推出的多媒体制作软件，它是一种基于图标(Icon)和流线(Line)的多媒体开发工具。通过对图标的调用来编辑一些控制程序走向的活动流程图，我们便能轻松地将文字、图形、声音、动画、视频等各种多媒体素材汇集在一起。因此，Authorware 软件的操作界面简单明了，主要承担着多媒体素材的集成和组织工作，它采用面向对象的设计思想，不但大大提高了开发多媒体应用系统的质量和速度，而且使非专业人员快速开发多媒体软件成为现实。

Authorware 的主要特点有：

（1）积木式的图标创作流程。Authorware 为多媒体应用系统开发者提供了一种积木式的创作方法。开发者只需合理调用 Authorware 提供的 13 个功能图标，将它们适当穿插于流程线上，即可完成丰富多彩、画面生动的多媒体作品，完全不需要开发者具有语言编程经验。

（2）灵活自如的交互方式。Authorware 提供了 10 余种交互方式供开发者选择，以适应不同的需要。除了一般常见的交互方式，如按钮、菜单、键盘、鼠标等之外，Authorware 还提供了热区响应、热对象响应、目标区响应等多种交互控制方式。

（3）丰富的变量与函数功能。Authorware 提供了 10 余类、200 余种变量和函数，这些函数与变量提供了对数据进行采集、存储与分析的各种手段。开发者巧妙地运用这些函数和变量，可以对多媒体应用系统的演示效果进行细致入微的控制。

（4）很好的模块与库的功能。模块和库这两种功能是为优化软件开发与运行而提供的制作技术。通过模块功能，开发者可以最大限度地重复利用已有的 Authorware 代码，避免不必要的重复。通过对库的管理，使庞大的多媒体数据信息独立于应用程序之外，避免了数据多次重复调入，减小了应用程序所占的空间，从而优化应用程序，提高主控程序的执行效率。

（5）独立性。用 Authorware 编制的软件除了能在其集成环境下运行外，还可以编译成扩展名为.EXE 的文件。生成的.EXE 文件能够脱离开发环境，作为 Windows 的应用程序来运行。多媒体产品也可以制作成播放文件，带上 Authorware 提供的播放器而独立于 Authorware 环境运行。

6. 方正奥思

方正奥思多媒体创作工具（Founder Author Tool）是由方正技术研究院面向教育领域研究开发的一款可视化、交互式多媒体集成创作工具。可用于创作多种类型的交互式多媒体产品及超媒体产品，例如制作计算机辅助教学课件、电子出版物、用户产品演示、信息查询系统等。方正奥思具有直观、简便、友好的用户界面，通过此软件，创作人员能够根据自己的创意，将文本、图片、声音、动画、影像等多媒体素材进行集成，使它们融为一体并具有交互性，从而制作出各种多媒体应用软件产品。

方正奥思具有很强的文字、图形编辑功能，支持多种媒体文件格式，提供多种声音、动画和影像播放方式，并提供丰富的动态特技效果，以及具有强大的交互能力。奥思直接面向各个应用领域的非计算机专业的创作人员，不需要编程就可以制作出高质量的奥思产品。

方正奥思的主要特点有：

（1）易学易用。方正奥思采用页面式结构，概念简单，易于操作，高度可视化编辑，无需语言编程。可以灵活定制的教学图符库，方便的收藏夹功能提供了更加方便的媒体引用手段，允许用户把常用目录加入收藏夹。

（2）极具渲染力的多媒体表现效果。支持包含 flash 在内的各种流行媒体类型；按钮和卷滚条等对象款式可高度定制；可以定制高度灵活、智能的复杂路径动画；多达数百种丰富线型和媒体填充效果；轻松实现复杂变形矢量动画；无限种过渡效果，随意定制；全面支持动画、影像非窗口播放，实现媒体逐帧操作控制。

（3）强大的交互功能。方正奥思可以随时随地触发交互动作；强大的可视化脚本语言功能、丰富的变量类型和分类函数库、可以灵活控制的对象属性和方法；脚本库和自定义函数库。支持运行层的路径拖拽、区域拖拽等。媒体列表的输入和输出功能，页面输出、输入功能和子结构，便于多人合作；方便用户进行交互合作开发。能方便地进行媒体格式转换；具有强大的多媒体数据库编辑、检索功能；可以动态连接大型数据库。

（4）系统增强功能。方正奥思内置高效的数据压缩功能、媒体格式转换和压缩功能以及视音频流式化功能；支持网络通用的图片压缩格式 png，支持 ActiveX 对象，可以内嵌 IE 或 MediaPlay 等外部控件，极大地增强了系统的可扩充性。

（5）易于作品发布。作品打包快速简便，作品光盘运行时无需安装直接运行；可以发布网络格式，全新的 web 发布能力，支持全功能的 web 播放，轻松实现远程教学。

二、视频制作软件

1. 会声会影

会声会影是加拿大 Corel 公司制作的一款功能强大的视频编辑软件（如图 1 - 4 - 1），英文名是 Corel VideoStudio，具有图像抓取和编修功能，可以抓取、转换 MV、DV、V8、TV 和实时记录抓取画面文件，并提供有超过 100 多种的编制功能与效果，可导出多种常见的视频格式。影片制作向导模式，只要三个步骤：捕获——编辑——共享，就可快速做出 DV 影片，入门新手也可以在短时间内体验影片剪辑。

会声会影从捕获视频，到编辑模式下的剪接、转场、特效、覆叠、字幕、配乐，再到共享模式，制成 AVI、MPEG - 2、AVC/H. 264、MPEG - 4、WMV、MOV、音

图1-4-1

频,以及自定义格式的视音频,最后刻录制作成 DVD 和 VCD 光盘,简单易操作,而且能够全方位剪辑出好莱坞级的家庭电影。

会声会影的成批转换功能与捕获格式完整,让剪辑影片更快、更有效率;画面特写镜头与对象创意覆叠,可随意作出新奇百变的创意效果;配乐大师与杜比AC3 的支持,让影片配乐更精准、更立体;酷炫的 128 组影片转场、37 组视频滤镜、76 种标题动画等可丰富视频效果。

会声会影 2019 版的主要功能包括:全新视频编辑快捷方式可以直接在预览窗口进行裁切、重设大小和定位等操作,并且可以使用全新智能型工具对齐媒体;简化时间轴编辑,可以在工具栏上自定义菜单,快速获取需要使用的工具;新增分屏画面效果,支持同时显示多个视频流;透镜校正工具可以快速移除广角相机或运动相机中的失真现象,并且能快速创建专业视频等。

此外,2019 版本还包括了增强的视频编辑工具、镜头校正式具、全新 360 度视频编辑功能,并且显著简化了视频编辑流程、工作区域和用户界面等。会声会影作为一款流行的视频编辑工具,操作非常简单,非常适合家庭用户使用。它不仅提供适合个人和家庭使用的视频剪辑功能,甚至可以和专业的视频编辑软件相媲美。

会声会影 X5 则进一步从多方面作出了完美升级:

（1）优化了 Intel、AMD 和 NVIDIA 的 CPU 和 CPU/GPU 处理，进一步发挥了多核 CPU 的优势，大大提高了运行速度。

（2）用户可以使用屏幕捕获功能，既可捕获完整屏幕，又可捕获局部屏幕。将文件放入 VideoStudio 时间线，并添加标题、旁白或者效果，还可将视频输出为各种常用的文件格式，从蓝光光盘到网络皆可以使用。

（3）可以立即创建和输出真正的 HTML 5 作品，图像、标题和视频均可排列用作 HTML 5 网页，VideoStudio 支持输出 MP4 和 WebM HTML 5 视频格式。

（4）将模板库直接加到媒体库，创建自己的模板或者从其他 VideoStudio 用户处导入模板并将其储存在库中。还可直接从素材库将范本拖放到时间轴，以便迅速开始影片制作。

（5）可导入分层的 PaintShop Pro 文件，在 PaintShop 中创建多层模板和效果并将其导入到 VideoStudio 的多个轨道中，这对复合模板和多轨合成来说非常快捷方便；可以利用 21 轨制作含媒体、图形和标题等内容丰富的影片，使用全新的轨道可见度控制项，可在编辑或输出时隐藏或显示轨道，这对在多国语言中增加字幕时特别实用。

（6）增加了 DVD 刻录功能和工具，可以记录 DVD 影片字幕、打印光盘标签或直接将 ISO 刻录到光盘。

2. iMoive

iMovie 是一款基于 Mac OS 编写的面向大众的视频剪辑软件（如图 1 - 4 - 2），允许用户剪辑自己的家庭电影。iMovie 借助精简的设计和直观的编辑功能，能让我们以前所未有的方式欣赏视频和演绎故事。我们可以浏览视频资源库、共享挚爱瞬间、可编辑制作成在高达 4 K 分辨率下的美轮美奂的影片。甚至可以在 iPhone 或 iPad 上开始编辑影片，之后再在 Mac 上完成编辑。而当影片准备好隆重首映时，我们可以在所有设备上的 iMovie Theater 中观赏影片。

iMovie 的主界面主要分成三个区域——媒体区（Media）：位于左上角，用于存放原始的视频、声音、图片等素材文件；时间轴（Timeline）：位于下半部分，用来编排原始材料的时间顺序；预览区（Preview）：位于右上角，用于即时预览视频效果。

iMovie 的主要功能与特点有：

（1）方便的影片与预告片创建功能。点击主屏幕上的"＋"按钮，可以创建自

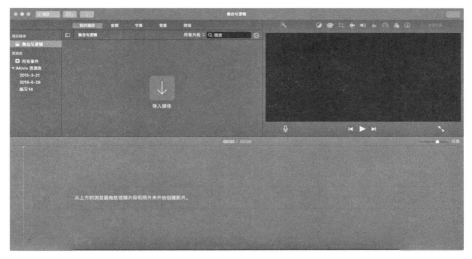

图 1-4-2

己的影片,把视频、照片、音乐合并成自己的影片;也可以创建预告片,利用爱情故事、叙事片、宠物、怀旧、浪漫史、浪漫喜剧、恐怖片、运动、间谍、超级英雄、灵异片、侠盗片、青少年、旅行等多种模板创建好莱坞风格的预告片。预告片的模板包括引人入胜的图片,以及出自世界顶尖电影配乐人之手的原创配乐,自定影片制片商标志、演员名单和制作人员名单,还可以借助动态拖放区来选择最适合预告片的视频和照片。

(2)便利的视频获取功能。创建影片后,点击导入媒体"↓"按钮,有两种获取源视频的方法:一是利用摄像头中的"FaceTime 高清摄像头"拍摄一段视频;二是利用设备或个人收藏中已存储的视频素材。在 iMovie 中,我们可以集中查看曾经整理过的所有视频片段和照片,快速共享片段或片段的一部分,后台导入功能还可以即时观看和共享视频。

(3)易于操作的视频编辑功能。把视频、图片、音乐等素材拖动到时间轴后,可以利用预览区上方的一排按钮来编辑视频,这些按钮包括:颜色平衡、颜色校正、裁剪、防抖动、音量、降噪和均衡器、速度、片段滤镜和音频效果、片段信息。我们可以使用快进加速播放,或使用慢动作效果减速播放;还可以创建复杂的画中画、并排和绿屏特效,也可以使用内置音乐和声音效果、iTunes 资料库的曲目、GarageBand 中录制的歌曲,以及自己的旁白制作声音轨道;可以使用简单易用的色彩控制选项为视频增色,对抖动的视频进行防抖动处理,以更流畅的画面带来更舒适的观感体验,使用 Ken Burns 特效自动放大面孔并浏览全景照片,还有 48 种趣味视频和音频特效可供选择。

在这些按钮的最左侧还有一个按钮可以自动改善所选片段的视频和音频质量,即使用一键增强功能可即时改善视频的画面和声音。最右侧有一个"全部还原"按钮可以还原片段。

另外,在媒体区的上方还有"字幕""背景""转场"三个选项卡,可以通过添加字幕、转场和 3D 球体及旅游地图,提升影片效果。

(4)快捷多样的影片分享功能。在 iMovie 的右上角有一个"共享"按钮,可以将制作的影片以电子邮件、准备共享到 Facebook、Vimeo,并可以进行图像、文件等多种形式的共享。其中文件共享形式提供了影片名、描述、标记、格式、分辨率、质量、压缩等设置项,支持 60 帧/秒的 1080p 高清高质量视频,实现更加流畅和逼真的动作镜头。

3. Camtasia Studio

Camtasia Studio 是由 TechSmith 开发的一款功能强大的屏幕动作录制工具和视频编辑软件(如图 1-4-3)。它能在任何颜色模式下轻松地记录屏幕/摄像

图 1-4-3

头动作,包括影像、音效、鼠标移动的轨迹,解说声音等,另外,它还具有及时播放和编辑压缩的功能,可对视频片段进行剪接、添加转场效果。它输出的文件格式很多,可以是 GIF 动画、AVI、RM、WMV、MOV、QuickTime 电影等,并可将电影文件打包成.EXE 文件,可以在没有播放器的机器上播放。

Camtasia Studio 中内置的录制工具 Camtasia Recorder 可以录制全屏区域或自定义屏幕区域,支持声音和摄像头同步,录制后的视频可直接输出为常规视频文件或导入到 Camtasia Studio 中剪辑输出。

在录制屏幕后,Camtasia Studio 可以基于时间轴对视频片段进行各类剪辑操作,当然也可以导入现有媒体视频进行编辑操作,包括各类视频文件、音频文件、图像文件以及 PPT/PPTX 演示文档。通过 Camtasia Studio,我们可以很方便地进行屏幕操作的录制和配音、视频的剪辑和过场动画、添加说明字幕和水印、制作视频封面和菜单、视频压缩和播放。

Camtasia Studio 的主要特点有:

(1)界面简单,容易操作。Camtasia Studio 软件界面简单、模块清晰、按钮明确、功能齐全,便于操作和运用该软件,即使是新手也可以很快制作出属于自己的精彩视频。

(2)强大的录制功能。Camtasia Recorder 2019 是 Camtasia Studio 套件中的核心组件,是专业的视频录制工具。Camtasia 不仅可以在任何颜色模式下轻松地记录屏幕动作,而且可以在录制的同时在屏幕上画图和添加效果,以便标记出想要录制的重点内容。还可以使用 Camtasia Studio PPT 插件快速地录制 PPT 视频。无论是录制屏幕,还是录制 PPT,我们都可以在录制的同时录制声音和进行网络摄像机的录像。

(3)强大的视频播放和编辑功能。在录制屏幕后,Camtasia Studio 对视频片段可以进行添加各类标注、媒体库、画中画、字幕特效、转场效果、Zoom-n-Pan、旁白、标题剪辑等各类剪辑操作。Camtasia 发布视频已经内置了不少预设,也可以创建自定义预设,最高支持 1080p。Camtasia 还具有对音频自动降噪、音视频分离等功能,在最后制作视频时,还可以把摄像机录像以画中画的格式嵌入到主视频中。

4. Filmage Screen

Filmage Screen Mac 版是 Mac 平台上的一款专业屏幕录制和视频编辑软件

图 1 - 4 - 4

（如图 1 - 4 - 4），集录制工具和视频工具于一体，其中录制工具包括电脑屏幕录制、ios 设备录制、摄像头录制和音频录制，视频工具包括视频编辑和视频转换器，是处理视频和视频播放的一站式解决工具。

Filmage Screen Mac 版界面简洁，简单易用。我们可以录制整个电脑屏幕或指定窗口，甚至可以自定义录制区域，可以通过 USB 或 Wi-Fi 实时捕捉清晰的 iPhone 或 iPad 的屏幕画面，还可以通过摄像头录制视频，通过音频录制系统声音或麦克风声音。录制的视频可以为 720P、1 080P、4K 的高清录视频。此外，编辑功能支持添加字幕特效，包括添加文字、图片、图形、手绘、音乐等素材，支持画外音录制。视频编辑和视频转换器支持将视频导出和转换为任意视频格式，还支持批量转换，并可将视频作为 GIF 动画导出。Filmage Screen 还是一款全格式视频播放器，可以让我们随心所欲观看任何想看的视频。

Filmage Screen 的主要特点有：

（1）易于操作的视频录制功能。我们可以通过录制屏幕，创建视频教程、游戏教程或视频演示等。视频录制包括全屏录制、窗口录制、摄像头录制、iOS 屏幕录制等。其中全屏录制可以是录制全屏或选择任意尺寸区域录制屏幕活动，包括录制鼠标光标移动的所有轨迹；窗口录制可以录制指定的窗口，即使被覆盖遮挡，也能捕捉该窗口内的所有活动；iOS 屏幕录制可以通过 USB 或 Wi-Fi 镜像录制 iOS 屏幕。录制前通过选择 1 080P/720P/360P 屏幕分辨率，可以创建不同大小的视频，达到压缩视频文件的效果。使用系统内置麦克风、电脑声音或音频输入设备可以录制声音。录制完毕，可以快速将录制的音视频导出为所需格式。

（2）具有专业视频编辑功能。我们可以使用基本的编辑工具编辑视频：文本，形状，草图，音乐，剪辑，重做，撤消等，还可以使用专业的编辑工具编辑视频，包括使用旁白（画外音）和动态字幕效果，制作属于自己的短视频。自定义文本的内容、颜色、大小、位置以创建个性化字幕，保护视频版权。一键静音，消除视频原始声音，即可轻松更改视频的背景音乐。

（3）全能视频转换功能。Filmage Screen 的视频转换器可以将任何视频文件转换为包括 MOV、MP4、M4V、MKV、AVI、F4V、WMV、TS、SWF、FLV、3GP、MPEG 等 30 多种格式,可将视频转换为 iMovie、Final Cut Pro 或 ProRes 进行进一步编辑,支持直接从 iOS 设备录制视频文件,批量将多个文件转换为相同或不同的格式,快速转换高清视频,没有任何质量损失,自定义输出文件夹以保存输出文件。

（4）全格式媒体播放功能。Filmage Screen 也是一款全格式媒体播放器,支持播放如 MP4、MOV、AVI、MKV、F4V、F4B 和其他 1000 多种格式的视频,是一款比较省心的媒体播放软件。

5. 爱剪辑

爱剪辑是国内首款全能免费视频编辑软件,是超易用、强大的视频剪辑软件,也是全民流行的全能视频剪辑软件,官方暂未出任何手机 App。爱剪辑分 PC 版和 Mac 版,两个版本差异较大。PC 版需注册,主要用于视频剪辑;Mac 版不需注册,主要用于视频录制和简单的视频编辑。

爱剪辑 PC 版(如图 1－4－5)可以添加视频、音频、字幕特效、叠加素材、转场特效、画面风格、MTV、卡拉 OK,全面兼容和支持广泛的视频音频格式。高兼容性意味着几乎所有视频或音频格式都可以随意导入并自由剪辑,导出的格式也很齐全,而且执着于针对不同格式进行的解码优化,也令解码速度、软件稳定性和画质都更胜一筹。

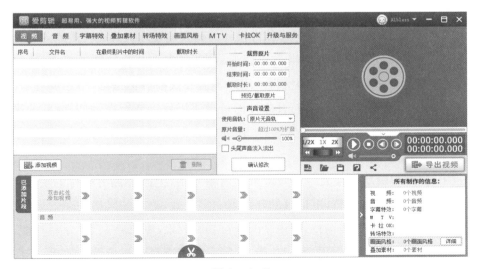

图 1－4－5

爱剪辑 Mac 版(如图 1-4-6)可以进行屏幕录制和摄像头录制,也可进行简单的视频裁剪、变速、倒放,不能进行复杂的编辑和字幕制作、转场操作等。

图 1-4-6

综合两种版本,爱剪辑软件的主要特点可以概括为如下几个方面:

(1)软件简单易操作。爱剪辑软件设计的初衷是让人人都能轻松成为出色的剪辑师。爱剪辑软件的各种剪辑方式直观易懂,更多人性化的创新亮点,更少纠结的复杂交互,一切都是所见即所得。用户不需要视频剪辑基础,不需要理解"时间线""非编"等各种专业词汇,打开软件即可上手操作。高标准触控支持,几乎所有的软件交互元素都被重新开发设计,让软件在触控设备上更易使用,更好发挥手指的操作优势。

(2)视频编辑功能强大。爱剪辑虽然简单易用,但同样拥有强悍的功能:更全的视频与音频格式支持,更逼真的好莱坞文字特效,更多的风格滤镜效果,更出色的一键调色,更多的转场特效,更全的卡拉 OK 效果,更炫的 MTV 字幕功能,更专业的加相框、加贴图以及去水印功能,等等。琳琅满目的超炫特技效果,不仅方便创作，而且能够一键达成。我们可以快速做出影院级的好莱坞文字特效（包括风沙、火焰、水墨特效等），轻松调用多达上百种专业画面风格效果（囊括各种动态或静态滤镜特效技术、画面修复、画面调整、画面调色方案），提供更多的视频切换特效（包括高质量 3D 和其他专业高级切换特效），瞬间制作乐趣无穷的卡拉 OK 视频并拥有全球多达 16 种超酷的文字跟唱特效，直观高效地为视频加上搞笑的贴图并具备数十种贴图动画效果，将视频编辑成为声色俱佳的特效大片！

（3）方便快捷的视频录制功能。爱剪辑 Mac 版的屏幕和摄像头录制功能均可录制全屏或区域，设置方便，录制简单。结束录制后可以编辑视频，也可以导出本地。所有录制的视频都会临时保存到草稿箱中，每个视频都有预览、编辑、删除三种操作按钮，方便我们对视频进行再次编辑与导出，视频编辑后即可导出文件。

（4）执着优化高效低耗。酣畅淋漓的速度、相得益彰的超清成片画质、超级稳定顺滑的剪辑体验、去水印效果，都源自爱剪辑团队对每个细节追求完美的态度。耗时数年，对所有效果和各种 CPU、显卡、内存甚至操作系统都进行执着地优化，使其高效低耗。一台普通的主流配置电脑，即可享受高端流畅的视频编辑体验。去水印功能不仅是对细节的雕琢，更是对软件的创新。爱剪辑提供了多种去水印方案，我们可以根据视频上的具体水印情况轻松实现更高水准的去水印效果。

6．Videoleap

Videoleap 是一款集拍照和照片视频后期处理的视频剪辑软件（如图 1 - 4 - 7），可以将图片和视频合在一起进行编辑，功能很齐全。Videoleap 的亮点在于创作性很强，除了各种"滤镜"功能，还有更多颇具创意的设计功能，例如素材混合、蒙版、特效、字幕、色调调整、配乐、过场动画，等等，可以将头脑中的想法在这款软件的编辑下变成一段精美的视频。

Videoleap 的界面和大部分的图片编辑软件类似，可以在主页上直接新建项目，或者点击左上角第二个图标打开项目列表，编辑已经创建的项目。项目可自动保存，也可随时随地进行编辑。专业人士可以利用强大的高端编辑功能，而业余人士则可以进行简单直观的剪辑和组合，还可以全屏预览最终的视频作品。

Videoleap 的主要特点有：

（1）创意合成功能。Videoleap 可以将视频和图像混合在一起，打造双重曝光和艺术外观。基于图层的编辑，可以添加视频、效果、文本和图像，然后按照自己

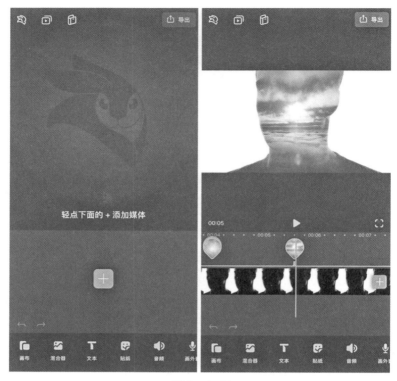

图 1-4-7

喜欢的方式进行重新排序。使用转换、屏蔽和混合模式自定义图层,可以将无缝的电影过渡效果和倒带功能很好地应用到视频的剪辑之中。

（2）高端编辑功能。最值得一提的是它的遮罩功能,可以通过绿屏抠图以及关键帧动画的编辑合成,进行多个影像之间的叠加。也可以利用应用内的音频贴图等素材,转场效果,放到图层上的各时间节点,从细节上继续调整剪辑以匹配格式。直观且可以缩放的时间线,具有逐帧精确性。剪辑时置于独立的画布上,属于非破坏性编辑,可不限次数的撤销/重做,整体灵活性很高。

（3）强大的特殊效果。Videoleap 的特殊效果主要分成几个部分——转场效果,图像效果,文本效果,音频效果。整体上有着特殊的棱镜、虚焦、填色、像素化、色差等转场以及图像效果,在适用于各种场合的独特滤镜基础上更加连贯、动态地进行一些变换与开场收尾;在文本上,各种字体、表情、符号、阴影、颜色、不透明度以及混合的选择可供搭配使用;100 多种音效,可控制音频、音量并应用音调等均衡器预设。

（4）精确编辑和丰富的可能性。剪辑编辑包括：剪裁、拆分、复制、翻转、镜面、转换。颜色校正包括：调整亮度、对比度、饱和度等。同时能自定义背景颜色，在画布处还能够自动更改纵横比，并适应屏幕以剪辑。

三、 数学绘图软件

1. 几何画板

几何画板是一款相对精准的数学作图软件（如图1-4-8），更是一个朴素大方、方便实用的"数学实验室"，它为我们提供了一个理想的做数学的环境。我们可以利用它的度量功能较准确地作出数学中的几何图形和函数图象，同时，我们还可以利用它的变换功能研究图形的变化以及函数图象的变换，在这一过程中，我们能看到变化的动态过程，体会变换前后的关系。我们还可以利用几何画板的度量功能为我们提供直观感知的经验以此证实一些数量之间的相等与不等关系。

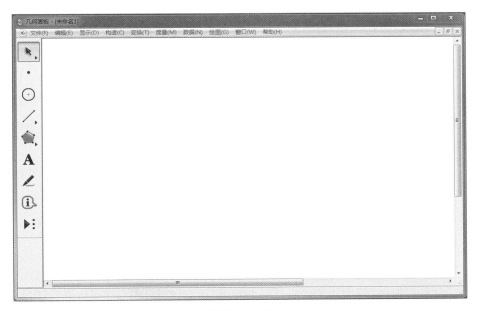

图1-4-8

几何画板功能强大，使用简单。它用来制作数学教学课件的优势在于它的作图、度量、变换与绘制函数功能，我们可以在上面自由地画出点、线、圆，也可按平行、垂直等"几何关系"构造出几何图形。此外，几何画板的"文件（F）"中的"文档选项(D)..."菜单还提供了增加显示页面的功能,这为制作课件变换页面提供了方便。相对其他几款多媒体制作软件,几何画板最大的不足就在于它的交互性。但由于几何画板具有强大的数学功能,因此它在数学课堂教学中具有不可替代的地位和作用,又由于它具有较为逊色的交互功能,因此常常会用其他软件制作交互,在适当的时候再调用几何画板。

几何画板的主要特点有:

(1) 强大的几何作图功能。利用几何画板的"作图(C)"菜单可以轻松作出两个图形的交点、平行线、垂线、角平分线、圆等,还可以作出一些图形的交点和满足条件的点的轨迹。"图表(G)"还提供了"绘制新函数(F)"功能。美中不足的是,几何画板目前还不能根据曲线方程作出曲线,也不能作出两个函数图象的交点。

(2) 轻松的度量功能。利用几何画板的"度量(M)"菜单可以度量长度、距离、角度、周长、面积、弧长、弧度角、坐标等,还有一个很好的"计算(U)..."功能,可以计算不同度量值之间的和差积商,还可以插入某些函数关系,使用非常方便。当然,度量功能也有局限性,它不能度量弓形面积、椭圆弧长等量。

(3) 方便的变换功能。利用几何画板的"变换(T)"菜单可以进行图形的平移、旋转、缩放、反射变换,这样画图方便快捷,画出的图准确无误,而且还会在拖动原图的过程中保持几何变换关系,可以让我们在图形动态的过程中观察和探索不变的几何规律。我们在画一个复杂的图形时,常常会利用"显示(D)"菜单中的"隐藏(H)"功能将一些非主要图形进行隐藏,只显示一些重要的几何关系。

(4) 简单的操作类按钮。我们可以利用"编辑(E)"菜单中的"操作类按钮(B)"制作一些数学动画,并可以将几个动画综合成一个动画,制成一个"系列",显示成一个按钮。这个功能简单有效,较好地体现了几何画板的数学动画功能。

2. GeoGebra

GeoGebra 这款软件的名称拆开来就是"Geo"+"Gebra",其中"Geo"是 Geometry(几何学)的前三个字母,"Gebra"是 Algebra(代数学)的后五个字母,意思是结合了几何(Geometry)与代数(Algebra)的功能和特点。GeoGebra 是一款结合几何、代数、微积分和统计功能的动态数学软件(如图 1-4-9),可应用于多平台(Window、Mac、Linux 等),并能提供 56 种语言支持。

与几何画板比较,GeoGebra 不仅具备几何画板的全部功能,绘图界面还比几何画板更加友好、易操作,同时还具备几何画板没有的曲线与方程、符号计算、微

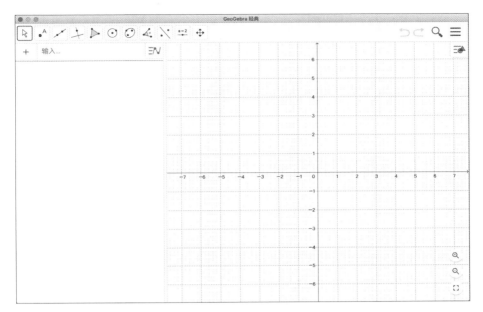

图1-4-9

积分、统计等功能。另外，GeoGebra 是一款免费的开源软件，这给我们在使用、交流、分享等方面都提供了极大的便利。

GeoGebra 可以从代数和几何两个方面画出点、向量、线段、直线、多边形、函数图象，以及方程的曲线、立体图形等；还可以研究正态分布、二项分布、超几何分布、卡方检验、z 检验、t 检验，以及条形图、散点图、回归分析，计算各种统计量等；甚至可以逐步展示所有的作图过程。

GeoGebra 的主要特点有：

（1）简单实用的菜单。GeoGebra 的菜单主要包括文件、编辑、格局、视图、设置、工具、帮助与反馈、用户等部分（如图 1-4-10）。其中"文件"包括新建、打开、保存、导出图片、分享、下载、打印（如图 1-4-11）；"编辑"包括撤消、恢复、截图、复制、粘贴、选项、全选（如图 1-4-12）；"格局"包括绘图、运算、几何、3D 绘图、表格、概率统计、检测模式（如图 1-4-13）；"视图"包括代数区、运算区、绘图区、绘图区 2、3D 绘图区、表格区、概率统计、作图过程、指令栏、导

图1-4-10

航栏、刷新视图、重新计算(如图1-4-14);"设置"可以设置全局的语言、精确度、标签、字号;"工具"包括定制工具栏、新建工具、管理工具;"帮助与反馈"包括教程、手册、论坛、问题反馈、关于/版权;"用户"中可以退出登录。

📄 文件	✏️ 编辑
＋ 新建	↩ 撤消
🔍 打开	↪ 恢复
💾 保存	📄 截图
🖼️ 导出图片	📄 复制
< 分享	📋 粘贴
⬇ 下载…	⚙️ 选项 …
🖨️ 打印	▦ 全选

图1-4-11　　　　　　　　　　图1-4-12

⬡ 格局
〽️ 绘图
⼫ 运算
♠ 几何
▲ 3D 绘图
⊞ 表格
⛰ 概率统计
⧖ 检测模式

图1-4-13

⌂ 视图
〽️ ☑代数区
⼫ □运算区
♠ ☑绘图区
♠² □绘图区2
▲ □3D 绘图区
⊞ □表格区
⛰ □概率统计
⧉ □作图过程
□指令栏
□导航栏
刷新视图
重新计算

图1-4-14

　　(2) 方便快捷的绘图工具。GeoGebra 的工具栏共有 11 个按钮(如图 1-4-15),每个按钮下面都由若干个按钮组成一个工具组,这些工具可以方便我们进行各项绘图操作。这些工具组中分别包括移动、智能绘图、画笔;描点、对象上的点、附着/脱离点、交点、中点/中心、复数点、极值点、零值点;直线、线段、定长线段、射线、折线、向量、相等向量；垂线、平行线、中垂线、角平分线、切线、极线/径线、最佳拟合直线、轨迹；多边形、正多边形、刚体多边形、向量多边形；圆（圆心与一点、圆心与半径、半径与圆心）、三点圆、半圆、圆弧、三点圆弧、扇形、三点扇形；椭圆、双曲线、抛物线、圆锥曲线；角度、定值角度、距离/长度、面积、斜率、列表、关系判断、函数检视；轴对称、中心对称、反演、旋转、平移、位似；滑动条、文本、图片、按钮、复选框、输入框；移动视图、放大、缩小、显示/隐藏对象、显示/隐藏标签、复制样式、删除。

图 1-4-15

（3）自动补齐的命令输入。使用命令可以生成新对象或者修改已有对象。当在命令框中输入命令时，GeoGebra 会尝试着自动补齐命令，也就是说，在命令框中只要输入命令的前两个字符，GeoGebra 就会显示最相近的命令（类似于输入法的联想功能）；如果提示的命令刚好是想输入的，只需按下 Enter 键，即可接受建议将提示的命令输入命令框；如果提示的命令并不是想输入的，可以继续输入，GeoGebra 会再提示其他相近的命令。值得一提的，GeoGebra 的所有的命令都已实现了汉化，输入中文关键词即可调用相关命令。

点击输入键盘 ⌨ 中的按钮•••，可以打开 GeoGebra 的所有命令，包括数学函数、所有指令、几何、代数、文本、逻辑、函数与微积分、圆锥曲线、列表、向量与矩阵、几何变换、图表、统计、概率、表格、脚本、离散数学、GeoGebra、优化指令、3D、财务等命令（如图 1-4-16）。

（4）完美的多功能集成。由 International GeoGebra Institute（IGI）开发的 GeoGebra 系列软件包括 GeoGebra Classic（经典）、GeoGebra CAS Calculator（CAS 计算器）、GeoGebra Graphing Calculator（图形计算器）和 GeoGebra Geometry（几何）四款软件。GeoGebra Classic 是一款综合性软件，包括了后三款软件的全部功能，它集代数运算、几何作图和数据处理于一体，其代数区、几何区、绘图区、3D绘图区、运算区、表格、概率统计、作图过程等多个操作区域相互关联，有效避免了多个软件之间切换的不便。因此，打开 GeoGebra Classic 这一款软

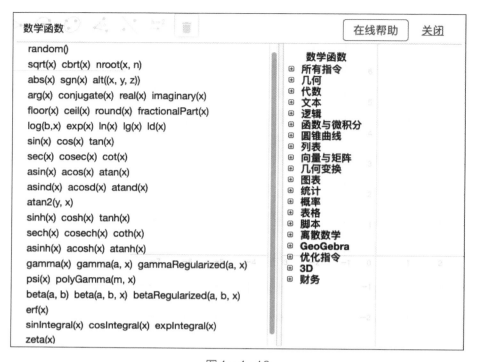

图 1 - 4 - 16

件，几乎可以解决数学各个领域的教学应用问题。

第五节　常用教学平台简介

　　线上教学离不开专业的教学平台。2020 年初，突如其来的新冠肺炎疫情把全国大中小学的教师和学生都"逼"到了线上，进行了相当长一段时间的教与学的活动。一时间，学校和教师都在积极寻找合适的教学平台，教师和学生都在积极摸索教学平台的使用方法。很多平台也在疫情期间提供了免费使用服务。

　　网络教学常常借助 Wi-Fi、4G 或 5G 蜂窝数据、有线电视等网络进行。网络教学平台大体可分为两大类：一类是直播平台，一类是录播平台。直播平台一般以即时视频和音频为主要媒介，辅以课件与板书的共享完成教学，互动性相对较强；录播平台则常以录制好的视频、音频及文本为主要媒介，辅以课程资源发布完成教学。有的平台甚至还配上备课、作业、考试等功能，更好地模拟线下教学形式，让线上有效学习真正发生。

　　下面，我们介绍几个常用的教学平台，以此抛砖引玉。

一、　直播平台

1. Zoom

　　Zoom 是一款多人云视频会议软件（如图 1-5-1），是为用户提供兼备高清视频会议与移动网络会议功能的免费云视频通话服务，适用于 Windows、Mac、Linux、iOS、Android 系统。用户可以通过手机、平板电脑、PC 与他人进行多人视频及语音通话、屏幕分享、会议预约管理等实时沟通。

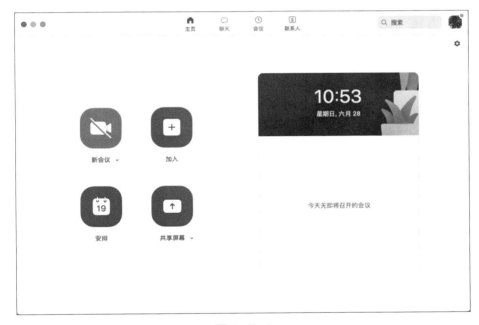

图 1-5-1

　　Zoom 支持最多 1000 名视频参会者或 10 000 名观看者，是目前领先的移动视频会议工具，可以轻松应用于线上课堂教学。其多人视频功能、共享屏幕（包括共享电脑语音和小白板）、视频分组会议室可以较好地还原线下课堂教学模式；会议预约功能可以安排课表，尤其是周期会议更方便教师以周为单位安排课表；会议录制功能可将课堂教学随时进行实录，并可保存为 MP4、VLC 等多种格式的视频文件。

Zoom 应用于线上课堂教学的主要特点有:

(1) 固定的个人会议号。每位教师都拥有一个属于自己的固定个人会议号。学生可以输入教师的个人会议号快速加入会议。这就相当于每位教师拥有了自己的教室,到了上课时间,学生按时进入教室即可。教师还可以设置学生进入教室是否需要密码或等候。如果设置为需要进入等候室,那么学生只有在教师批准后方可进入教室;如果取消密码或等候,那么学生可以自由进入教室,甚至可以在教师进入教室之前进入教室。

(2) 完美的共享屏幕功能。Zoom 可以共享电脑屏幕、小白板,以及我们打开的某一个窗口(例如 PPT、PDF 等),还可以通过 AirPlay 或数据线连接共享 iPhone/iPad 屏幕。分享屏幕功能进行中,支持画笔标注、段落选择、网络链接跳转演示、选色、撤销等功能。选择激光笔可进行文字段落选择、网络连接访问;水笔及钢笔功能可进行重点标注与涂鸦。尤其值得一提的是,共享电脑屏幕还有一个勾选项"共享电脑语音",勾选后学生听到的音频就如同在自己电脑上播放的一样,这一功能对于需要利用电脑播放视频或音频的教师而言堪称完美。

图 1-5-2

(3) 添加联系人功能。虽然学生可以自己通过教师的个人会议号加入课堂,但教师对学生的出勤情况不方便掌握。我们可以通过个人会议号添加常用联系人;手机版 Zoom 还支持查看手机通信录及附有导入功能,可一键邀请好友,这样可以对照联系人随时邀请学生加入课堂。

2. 腾讯会议

腾讯会议是腾讯云旗下的一款音视频会议产品(如图 1-5-2),于 2019 年 12 月底上线。具有 300 人在线会议、全平台一键接入、音视频智能降噪、美颜、背景虚化、锁定会议、屏幕水印等功能,同时提供实时共享屏幕、支持在线文档协作。2020 年 1 月 24 日起腾讯会议面向用户免费开放 300 人的会议协同能力,直至新冠肺炎疫情结束。此外,为助力全球各地抗疫,腾讯会议还紧急研发并上线了国际版应用。

2020 年 3 月 23 日,腾讯会议宣布开放 API 接口,无论是企业 IT、系统集成商、SaaS 服务商,均可轻松适配多种会议场景需求,同时还支持 Android、iOS、Windows、MacOS 以及 Web 端平台全覆盖。

腾讯会议通过输入会议号加入别人发起的会议,也可以用个人会议号或临时会议号发起快速会议,还可以利用预定会议安排会议,有助于教师提前安排教学课节。预定会议可以设置是否需要入会密码,是否允许成员在主持人进会前加入会议。

腾讯会议适合线上课堂教学的主要特点有:

(1) 固定的个人会议号。腾讯会议刚上线一段时间是没有固定的个人会议号的,无论是快速会议还是预定会议,每次会议都是一个临时的会议号。从 1.5.0 版开始,新增个人会议号、会议等候室功能。这样就可以使用固定的个人会议号召开即时会议和预定会议了。

(2) 强大的共享屏幕功能。腾讯会议可以很方便地共享电脑屏幕和白板,以及打开的某一程序窗口(例如 PPT、PDF 等),配套多种工具辅助讲解,批注内容也可保存,演示分享更生动。腾讯会议 1.6.5(441)版本之前不能共享电脑音频,当主持人播放音频或含音频的视频时,参会者听到的声音效果不够理想。如果主持人插上耳机,则参会者根本听不到声音。如果多名参会者打开话筒并且不插耳机,那么说话者会听到有回声。腾讯会议 1.6.5(441)版本可以共享电脑语音,但必须取消话筒静音。

(3) 灵活的入会方式。腾讯会议可以全平台运行,手机、电脑、平板、Web 一键入会,微信无缝衔接,小程序打开即用,不需要下载任何插件或客户端。可以在日历中查看已预定的会议,一键唤起、加入会议。支持电话加入会议,通过电话可随时响应会议需求,实时性强。

(4) 高清流畅的会议体验。腾讯会议画质高清,且具有视频智能降噪处理,支持美颜和背景虚化等功能。AI 语音增强,高保真还原人声,消除环境噪音、键盘声,音频丢包 80% 仍享自然流畅语音,视频丢包 70% 不花屏、不卡顿。

3. 企业微信

企业微信是腾讯微信团队打造的企业通信与办公工具(如图 1−5−3),具有与微信一致的沟通体验,丰富的 OA 应用,和连接微信生态的能力,可帮助企业连接内部、连接生态伙伴、连接消费者,实现了专业协作、安全管理与人即服务。目前企业微信已覆盖零售、教育、金融、制造业、互联网、医疗等 50 多个行业,正持续向各行各业输出智慧解决方案。

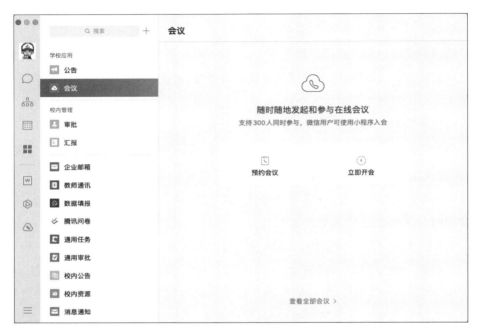

图 1-5-3

应用于教育行业,企业微信可以通过局校互联、家校通信录、家长通知等功能,更好地连接教育局、学校、老师和家长。同时提供学校审批和学校汇报帮助学校更高效地处理内部事务。在疫情期间,"防疫测温""复学码""健康上报"可以连接智慧测温设备,在校门口、班级等入口实现无接触测温,自动统计测温数据,并更新复学码状态,每天定时提醒家长和教职工填写学生健康信息,信息统一汇总到管理员,保障校园复学安全。

应用于线上课堂教学,企业微信可以随时随地发起和参与在线会议,支持 300人同时参与,微信用户可使用小程序入会。

企业微信用于线上课堂教学的主要特点有:

(1)屏幕演示功能。企业微信会议设置有屏幕演示功能,发言者可以共享自己的电脑屏幕,或者是某一打开的窗口。但企业微信没有提供白板演示功能,如果需要进行手写演示,只有先进行屏幕演示,然后再利用可以手写的软件进行手写演示,例如 SketchBook、Tayasui Sketches 等。

(2)文档演示功能。企业微信会议还提供了文档演示功能,演示的文档类型包括 Word、Excel、PPT、PDF 等。文档演示方便演讲者快速展示和共享文档内容,但所演示的文档清晰度不够高。

(3)两种会议模式可选。企业微信提供了预约会议和立即开会两种形式,每种形式都有音频会议和视频会议两种模式可选。选择音频会议,进入会议后可对话筒进行开关设置,但无法进行视频沟通;选择视频会议,进入会议后可对视频和音频进行开关设置,选择性更强。

4. 钉钉

钉钉(DingTalk)是阿里巴巴集团专为中国企业打造的免费沟通和协同的多端智能移动办公平台(如图 1-5-4),提供 PC 版、Web 版、Mac 版和手机版,支持手机和电脑间文件互传。钉钉因中国企业而生,志在帮助中国企业通过系统化的解决方案(微应用),全方位提升中国企业的沟通和协同效率。2020 年 4 月 8 日,阿里钉钉正式发布海外版 DingTalk Lite,支持繁体中文、英文、日文等多种文字和

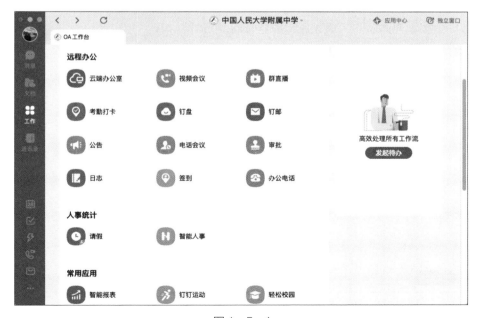

图 1-5-4

语言,主要包括视频会议、群直播、聊天、日程等功能,新冠肺炎疫情期间面向全球用户免费。

应用于线上课堂教学,钉钉主要是通过"视频会议"和"群直播"功能来实现。"群直播"需要事先添加好友,建立联系人和群组;"视频会议"可以通过入会口令加入会议,也可以从联系人中添加参会人员。

钉钉应用于线上课堂教学的主要特点有:

(1)多途径发起会议和直播。钉钉发起会议、预约会议、发起直播有两个途径:一是从"工作" ▦ 中进入,二是从"电话" 📹 中进入。两种途径的预约会议功能略有差异:从"电话" 📹 中进行预约,可以比较全面地设置会议主题、会议时间、是否重复、预订会议室、接收人、提醒时间等内容(如图1-5-5),而从"工作" ▦ 的"视频会议" 📹 视频会议 中进行预约,则只能设置会议成员、会议主题、开始时间和会议通知,而且会议成员只能添加15人。

图1-5-5

（2）沉浸式的教学模式。钉钉提供随时随地师生面对面的教学模式，1 080P高清画质视频会议，稳定流畅，最高支持302人同时在线，所有人都可看到对方，像教室一样身临其境。在线黑板可以轻松导入各种工具，共享窗口功能包括共享屏幕和白板，支持外接手绘板，用笔书写更顺手，支持打开图片、PPT和PDF等格式的教案文件，可以录制视频，支持上课过程回放，随时回放重现知识点的讲解，让学生轻松复习。

（3）完备的教育套装。钉钉教育包括智能备课平台、在线课堂、在线智能作业、家校通信录，算是比较完备的教育套装。智能备课平台提供丰富优质的教学内容素材；在线课堂支持百人之内的小班授课；在线智能作业可以在线布置课后功课、作业，全学段多科目的海量题库供选择，对错自动批改；家校通信录让家校沟通更简单顺畅，助力学校向智慧校园转型。

5. ClassIn

ClassIn是翼鸥教育（https://www.eeo.cn)发布的一款功能强大的在线教室直播系统（如图1-5-6），凭借先进的多路视频通信技术，以及完善的全球布点建设云通信系统，ClassIn一直致力于在线教育技术的快速发展。ClassIn可以开展

图1-5-6

一对一、一对多、班课、大直播课等多种形式的教学,内置的多元化教学工具、多人互动电子黑板与全课件的支持,可满足不同课堂类型与教学场景的应用。

登陆 ClassIn 客户端后,默认进入聊天界面,聊天界面右边是公告栏。左侧功能分区分别为"聊天""好友""课程""云盘",左下方还有文件传输、消息中心、板书编辑器、设备检测、设置等按钮。点击进入班级后,默认显示"聊天"界面,在班级中可查看全部成员、作业和课程安排,可以添加课节,每位成员都可创建 15 分钟的临时教室;"好友"中可查看班级成员信息;"课程"中可查看目前已加入班级的全部课程,还可以添加课节;云盘是存储沟通资料的空间,由授权资源、我的云盘、资源库三部分组成。板书编辑器还可以在课前备课,提前设计好板书,课上直接调用,节省上课时间。

ClassIn 的教室里内置了很多工具,例如,"画笔"可以画线和简单图形,可以在黑板上任意书写;"截图"可以非常方便地把电脑其他内容、图片截图上传到教室;"云盘"可以方便上传、打开课堂教学资源;"花名册"可以查看学生的所有状态;尤其丰富的是"教学工具",包含了加载图片、加载板书、保存图片、桌面共享、定时器、骰子、小黑板、抢答器、答题器、文本协作、多向屏幕共享、拖拽激光笔、浏览器、VNC、奖励列表、围棋小黑板、随机选人、苹果投屏等十八项功能工具。教师可以给学生一些授权,学生也可以自动举手上台。

ClassIn 的主要特点有:

(1)超强的互动功能。ClassIn 教室中的小黑板、抢答器、答题器、文本协作等教学工具都给课堂互动提供了方便。教师可以授权给学生,被授权的学生可以在黑板上和老师互动操作。

特别值得一提的是,ClassIn 的多人文本协作功能堪称一项"黑科技",英文名叫 MoWord。教师和学生可以在 ClassIn 教室里,多人、同时、有分工地编辑同一个文本文档,这既是一种教学行为,又可以由师生一起创造一项作品。不同于iPage、有道笔记、石墨等云端的异步文档编辑器,MoWord 的技术底层是实时编辑器,即所有在线用户同时编辑一个文档。MoWord 的技术复杂度较高,与多路音视频、桌面式黑板一样,是在线教学的核心基石功能之一。

(2)本地录制课程和在线直播与回放功能。ClassIn 可以在上课的同时进行本地录制课程的操作,存储为本地视频文件;还可以进行云端录课、网页直播和网页回放等操作。网页直播功能真正打破了传统教室的边界,网页回放功能方便学生回看和复习所学课程。

（3）插班生与助教功能。在认证用户的 eeo 后台中,管理者或独立教师,均可通过添加"插班生"(需同样是 ClassIn 注册用户)的方式,让家长、教务人员、教研员,或其他班级的学生进入教室听课,同时不被班级学生发现。另外,ClassIn 还可以设置"助教",极大地解放大班授课教师的生产力。在课前,助教可以协助授课教师做好班级学生管理,也可以提前批改作业以便授课教师当堂评讲;在课程中,助教可以参与互动、设计游戏、批改习题和课堂评价,也可以直接参与教学中的角色扮演;在教务管理中,助教可以协助授课教师处理突发的课堂情况,也可以对需要帮助的学生进行重点关注,改善学生的课堂体验。

（4）专注模式与课堂笔记功能。ClassIn 的课程设置可以将课程教室设置为"专注模式",上课时 ClassIn 的窗口始终置顶,让学生能专注于课堂听课。另外,ClassIn 还提供了课堂笔记功能,教师和学生上课时可对课堂内容随时进行记录,方便课后复习和回顾。课堂笔记按照"截图＋文字"形式保存,一条笔记为一个图文。插班生无记课堂笔记的权限。

二、 录播平台

1. 网盘

从电脑开始走进千家万户以来,移动存储的介质容量和性能在不断提升。最初使用的是软盘和光盘。每张软盘的容量只有 1.44 MB,如果拷贝一个容量较大的课件,往往需要使用很多张软盘,还需要辅助使用压缩与解压缩软件才能完成。光盘的容量就大多了,每张光盘有 700 MB,后来甚至达到 4.7 GB。但光盘需要有刻录功能的光驱,开始的光驱都只能读光盘,不能写光盘,后来的光驱基本上都有读写功能了。到了 21 世纪,逐渐开始出现了 U 盘,之后很快出现了移动硬盘、固态移动硬盘,容量从几十兆到几太不等。

在线下存储设备不断升级的同时,网络存储也悄然发展起来。很多网盘开始都是免费给用户使用的,甚至有的网盘打的口号是"永久免费",但基本上都走上了各种不同的收费之路。有的网盘不交费就不给存储或下载了,有的网盘不交费就给用户限速。比如,2020 年百度网盘(如图 1 - 5 - 7)超级会员的收费标准是 1年 298 元,3 个月 86 元,1 个月 30 元,享有空间特权 5 TB,极速下载,可以云解压8 GB 内压缩包,转存文件上限为 50 000 个,大文件上传最大至 20 GB,批量文件上传无数量限制,隐藏空间容量与其他空间共享 5 TB,等等。

图 1-5-7

网盘非常有用的一个功能就是文件及文件夹的分享与共享功能。我们可以把自己的文件或文件夹通过链接分享给其他人转存、下载,还可以把自己的文件夹通过共享链接给他人共同管理此文件夹。分享功能比原来的电子邮件发送附件更方便,文件大小也突破了附件的限制;共享功能有利于协同办公,多人共同管理文件中的文件。

网盘的最大好处是依托网络和服务器,不需要用户携带物理介质。所以,个人的电子资料存储大致经历了两个重要阶段:第一阶段是线下存储阶段,主要的介质是光盘、U 盘和移动硬盘;第二阶段是线上存储阶段,主要依托是网络和服务器,用户可以自行选择喜爱的网盘,有很多单位都有自己的网盘。

我们进行网络录播教学的一种重要形式就是将录制的视频存储在网盘上,分享链接给学生下载、播放,然后通过微信群、QQ 群进行答疑解惑。这种方式显然没有通过直播平台方便、灵活,学习效果完全依赖于学生的自觉性,师生不能开展及时有效的互动。

2. UMU

首先说明一点，我们在这里把UMU作为一种录播平台介绍，不是因为它有录播功能，而是因为它具有非常出色的分享与传播功能。我们可以把视频、音频、PPT、PDF、Word等各种素材上传到课程资源中，添加到课程中，分享到班级供学生自主学习。其实，UMU的问卷、签到、作业、考试、直播和多人会议功能也很强大。

UMU是知识分享与传播的学习平台（如图1-5-8），连接人与知识，加速知识的流动，让每个人融入、分享、收获知识。UMU连接大小屏幕，打通线上与线下，贯穿课前、课中、课后，通过跨屏互动、UMU微课、在线视频、直播、移动考试等功能巧妙地将学习元素搬到移动互联网上，为教师和学生打造课堂互动、翻转课堂、混合式学习的一个全新的创新场所。

图1-5-8

使用UMU提供的创新混合式互动学习方式，可以非常容易地制作图文音视频各类互动课程，同时还可以在活动学习培训现场发起调研，进行提问，激发分享的欲望，甚至可以使用手机进行直播，以满足学生个性化学习需求。UMU互动学习平台具有灵活、快速、便捷的特征，可以创建班级、课程、学习项目，也可以协同班级、课程、学习项目，还可以创建题库，上传、管理文档与音视频，管理常用模板。基于 UMU 互动学习平台开展教学，在教学互动环节中，教师可以通过教学课堂问卷、讨论、考试及拍照上传等方式进行课程设计，还可以在课程中添加多人视频会议和互动式直播，这样可以丰富教学内容，提升教学质量，还可以为今后数学教学提供更好的教学资源。

UMU 的主要特点有：

（1）轻松的教学设计功能。UMU 使用图文音视频，可以轻松制作和萃取教学内容，包括语音微课、视频、文章、图文、文档等，可以将各项学习元素模块化、移动互联网化，设计课程就像搭建积木一样创新、轻松，体现出了强大的教学设计功能。

（2）实用的教学互动功能。UMU 的互动功能有作业、考试、讨论、问卷、签到、拍照、提问、游戏、抽奖，通过这些教学互动，可以促进学生理解、记忆、内化所学知识，提升教学参与度。

（3）不限人数的三分屏互动直播和多人视频会议。UMU 独创的三分屏互动直播支持横屏和竖屏，在直播中可以加入和一键发送视频、微课、文档和图文，教师和学生可一起查看，共同学习。互动直播支持讲稿优先和讲师优先，学员跟随讲师教学节奏参与互动，互动数据一键导出，学习效果一目了然，通过手机即可发起和参与直播。多人音视频会议稳定实时，全球范围多达 1 000 人同时参加视频会议，可以共享桌面和白板，电脑和手机均可参与。教师下载 UMU App 即可发起直播，更有协同功能，让小助手帮助主播一起管理直播过程。学生无须下载 App，使用微信小程序即可轻松加入。

（4）引入视频训练的 AI 技术。UMU 将 AI 技术引入视频训练，让学生在练习过程中即可获得 UMU AI 实时、智能、个性化的反馈。AI 表现力反馈从流畅、手势、笑容等 6 个维度，帮助学员立刻找到改善点，随时再练一遍。AI 关键词反馈根据教师提供的作业范例和关键词，找到学生音视频中对关键词的覆盖程度，提供作业质量建议，帮助学生有的放矢。

三、 作业与考试平台

如同课件制作软件、视频制作软件、数学绘图软件、直播平台与录播平台一样，作业与考试平台也是名目繁多，举不胜举。下面介绍智学网作业与考试平台以抛砖引玉。

智学网是一款由安徽知学科技有限公司开发,能提供移动在线的针对性教与学服务的智能化分析平台,为用户提供了更加简单易用的系统操作和全面完善的资源服务,并通过大数据分析充分挖掘校园考试价值,通过基于云服务的 PC 及移动终端综合方案为每一名老师和学生提供针对性教和个性化学的信息化环境与服务,实现人人皆学、处处能学、时时可学。

智学网项目是以考试阅卷为基础,以数据统计、分析、评价为核心的综合性应用系统(如图 1-5-9),注重学生学习过程中的发展性评价及教与学分析。智学网的应用包括教师端、学生端、家长端。其中,教师端包括课堂教学、微课中心、智空课、教学监管、学情分析、移动阅卷、练习中心等功能模块,还可以通知家长注册,处理成绩申诉、家长留言等信息。学生端具有刷题、课程学习、查成绩看试卷、猜分数、错题本、圈子社交等功能。家长端可以帮助家长更加了解孩子的学习情况,推送考试分析、每周学习分析、在校表现,实现家长之间,家长与老师之间的互相沟通与交流。

图 1-5-9

智学网的网页版包括教学监管、测验报告、精准教学、考试阅卷、练习中心、选题组卷、口袋课堂、成绩申诉、考前复习、制卡、资源审核等功能模块。其中选题组卷模块中,提供了丰富的试题资源,还有"校本资源"和"我的资源";"口袋课堂"还提供了"正在直播"的课程和"我的课程"。

智学网的主要特色有:

（1）人工智能的过程化教学大数据采集分析功能。智学网的数据采集功能基于手机、扫描仪、阅卷机等各类智能终端设备，能实现随堂练习、课后作业、测验联考等各类教学场景下的过程性教学数据及时采集，数据采集技术突破实现了全学科智能批改和自动分析。练习批改还可以设置学生批改，包括学生自批和学生互批两种方式。

（2）知识图谱的个性化学习分析和推荐功能。智学网通过学生学习的大数据分析，实现个性化、基于知识图谱的学习诊断，不但可以帮助学生挖掘错题根源，还可以推送相匹配的微课讲解和难度适中的习题资源，以此为学生提供有针对性的巩固学习。智学网的题库试题资源丰富，可以实现市、区、校多级试题协同制作、自由组卷和知识点标注，数据标注题库为区域考试命题和个性化学习推荐提供了有效的支撑。

（3）以学习者为中心的教育评价功能。智学网为各级教育系统、教师、学生、家长系统提供基于知识点的综合教育评价服务，协同北师大未来教育高精尖创新中心探索建立以学习者为中心的教学新模式的途径与方法，并建立基于问题诊断的基础教育质量改进服务体系。智学网可以实现从师生、生生、家生多种角度促进教与学的综合提升，通过师生教与学互动可改善师生关系，科学全面的教学评价提升校长领导力；通过有针对性调查进行查漏补缺以减轻学业压力，提升学校教研能力；通过对学生进步的实时反馈和激励促进亲子关系。

四、 交互智能平板与智慧教室互动黑板

线上教学的常用教学设备有电脑、手机、iPad，以及手写笔与数位板。线下教学的常用教学设备是黑板、投影、电子屏等。目前线下教学用的电子屏往往指具有较为综合教学辅助功能的电子平板，主要包括交互智能平板和智慧教室互动黑板。

交互智能平板（interactive intelligent panel，简写为 IIP），也称交互式电子白板，是通过触控技术对显示在显示平板（LCD、PDP）上的内容进行操控和实现人机交互操作的一体化设备。这种设备其实是一种计算机输入设备，集成了投影机、电子白板、幕布、音响、电视机、视频会议终端等多种功能，适用于群体沟通场合，集中解决了会议中远程音视频沟通问题。满足各种格式会议文档高清显示，视频文件播放，现场音响，屏幕书写，文件标注、注释、几何画图、编辑、保存、打印

和分发等系统化会议需求；同时还内置电视接收功能和环绕声音响，在工作之余还可满足视听娱乐需求。

交互智能平板的硬件部分由触摸定位识别系统、显示系统、智能处理系统三大部分构成，由整体结构件结合到一起，同时也由专用的软件系统作为支撑。当用户用手指或无源笔触摸屏幕时，触摸系统将该点坐标定位，从而实现对智能处理系统的控制，随后通过智能处理系统内置的软件来实现不同的功能应用。

交互智能平板广泛应用于教育领域，不仅为老师和学生提供了高清（4K）的视觉体验，极速的触摸书写享受，同时还通过其内置的白板教学软件为师生提供了内容丰富、品质优秀、生动直观的多媒体课件素材资源、虚拟仿真实验室，让老师备课更加轻松，授课更加生动。教师通过交互智能平板进行授课，课堂互动性增强，学生的参与度提高，学习效率也大大提升。另外交互智能平板能够与中控台、摄像头、终端电脑等设备组成一套完备的解决方案，共同搭建智能教学模式。

从早期的幻灯投影、广播电视技术，到后来的计算机多媒体、计算机辅助教学，再到"互联网＋教育"及"人工智能＋教育"，各种新技术的应用在扩大优质教育资源覆盖面的同时，也在不断向着满足不同个性学习需求的目标接近。"人工智能＋教育"并不仅仅是通过图像识别进行机器批改试卷、识题答题，或者通过语音识别纠正、改进发音，更不只以人机交互进行在线答疑解惑。人工智能对教育更深层次的赋能在于，切切实实走进课堂从工具层面给师生提供更有效率的学习方式。交互智能平板是一种国际上新近崛起的替代传统黑板、粉笔的数字化教学演示设备，是对沿袭几百年的黑板、粉笔、板擦"三位一体"的旧教学模式的一场革命性突破。

智慧教室互动黑板采用电容触控技术将传统的手写黑板和多媒体设备相结合，实现了教师在粉笔板书和多媒体应用之间轻松切换的功能。同一块面积既可以像普通黑板一样，用粉笔正常书写，也可以像大 PAD 一样，用手触控观看 PPT、文档、图片、音频、视频等各种丰富的多媒体素材。智慧教室互动黑板是一款高科技互动教学产品，可以通过触控实现传统教学黑板和智能电子黑板之间的无缝切换，将传统教学黑板变为可感知的互动黑板，实现了互动教学的创新突破。

智慧教室互动黑板支持普通粉笔、无尘粉笔和水笔书写，使用无尘教学环保粉笔，配套自动喷水黑板擦及手背擦除，取代传统粉笔书写，有利于教师和学生的健康。智慧教室互动黑板的整体性较好，整体厚度在大约 7 cm 之内，这种超薄的产品设计相比传统推拉式"黑板＋触控"一体机的 25～30 cm 的安装厚度，极大地节省了讲台的空间资源。智慧教室互动黑板表面平整无凹凸不平，类似于一套大平板，可触控，可随时跨界板书，一键多媒体开关，随心粉笔书写，不受液晶屏显示的影响。

智慧教室互动黑板有"黑板"＋显示屏、"黑板"＋显示屏＋"黑板"、显示屏＋显示屏，甚至可设置四屏的不同组合模式，有的两侧副屏还可以 180°翻折、双面书写增加书写面积。智慧教室互动黑板集普通黑板、投影仪、电脑、音响、触控一体机于一体，实现多功能互动。表面采用防眩光纳米钢化玻璃，光线柔和，能有效过滤 80％有害光，具备防尘、防水、抗暴、保护视力等特性，上课无需拉窗帘，在任何角度观看画面都清晰可见。

智慧教室的革命开始于"多媒体技术"在教学中应用占比的日益提升，并逐渐向信息化、智慧化演进。智慧教室告别了传统的"粉笔＋黑板"，是完整的智慧教室的开始。数字化的黑板技术，带来的革命远远超过传统"黑板＋粉笔"的空间，彻底打破了课堂教学信息的"时空束缚"，让课堂教学的全部内容可以与 AI 技术结合，也能够将学生的课堂互动变成数据，日积月累成为一项重要的复习和教研资源。这种数字信息技术的边界拓展性，到底还会引爆哪些教育革新，需要我们激发出更多的创造力和无穷的想象力。

第二章　信息技术与数学课程和教学的融合

第一节　信息技术与数学课程的融合

关于信息技术与数学课程的整合最早是在国外提出的。美国国家数学教师全国委员会(NCTM)1989年发表的第一个课程标准就规定应该一贯而适当地使用多种计算技术。《英国国家数学课程标准》也强调数学与信息技术的综合和交叉。我国学者关注国外数学课程中的信息技术整合,提炼了其他国家课程标准中信息技术应用的理念定位、要求描述、考试评价等方面的经验,为我国数学课程中应用信息技术的研究与实践提供了借鉴。

2001年我国开始实施新一轮基础教育课程改革,倡导大力推进信息技术与学科课程的融合。教育部制定的《义务教育数学课程标准(2011年版)》在"课程基本理念"中提出,数学课程的设计与实施应根据实际情况合理地运用现代信息技术,要注意信息技术与课程内容的整合。《普通高中数学课程标准(实验)》也明确提出"注重信息技术与数学课程的融合"是数学课程的一个基本理念。

唐文和等人认为,目前我国关于信息技术与课程整合研究主要分为"大整合论"和"小整合论"。"大整合论"以大课程观作为研究视角,主要指将信息技术融入课程的整体中去,改变课程内容和结构,变革整个课程体系;"小整合论"则是将课程等同于教学,信息技术与课程整合就等同于信息技术与学科教学的整合,信息技术作为一种工具、媒介和方法融入教学的各个层面中,促进学科教学。这种"小整合论"的观点是目前的主流观点。

张定强认为,信息技术与数学课程整合是指在数学课程体系的建构中要融入信息技术,是数学课程设计、实施、评价中已有的、新生的内外因素给予信息技术重新配置组合而形成富有生命活力的动态的建构过程,也是超越以往知识观、资源观、教学观、评价观、学生观,从固有的束缚中解放出来,在信息技术基础之上重构数学课程新体系,使其各要素功能最优化地动态发展的一种建构过程,需要科学的方法、明细的目标、积极的态度、开放的精神去丰富完善两者的整合。

王虹、杨威、王洁认为，信息技术与数学课程整合的本质就是将信息技术应用于数学学科的教学、学习、教学管理，以便形成新的教学目标、模式，达到新的教学效果，从而有效地推动教学改革，提高教学水平；或者说信息技术与数学课程的整合就是数学课程体系引入信息技术的确立，并使之与数学课程结构的建立融为一体，以促进学习。

信息技术与数学课程整合的目标确定，应符合数学学科和学生心理发展的特点，要符合教育改革的大背景、大目标，通过整合建构一种新型的数学教学体系，结合数学学科特点将信息技术融入教学的各个方面，促进学生的思维发展，帮助其更好地理解数学的本质、领会数学的精神。信息技术与数学课程整合要坚持信息技术服务于数学课程的原则。

信息技术与数学课程的"整合"不等于"混合"，真正的整合是要实现信息技术与数学学科教学的融合，使被整合的个体在统一的目标之下，达到和谐、互动的状态。使用信息技术首先应当弄清楚技术的优劣，其次需要了解课程内容与信息技术融合的契合度，这样才能更好地发挥作用。

信息技术与数学课程的整合包括整合的内涵、课程、模式及实践等方面的研究，从"大整合论"的角度能更全面地认识信息技术与数学课程的整合问题，能更好地拓展整合的视角，扩大信息技术对数学课程的价值，突破信息技术与数学课程整合在"小整合论"层面的局限。尤其是大数据、人工智能等信息技术与数学课程的整合，为形成更加精准、个性化的数学课程提供了可能。

虽然目前我国数学课程与信息技术的整合属于"小整合论"范畴，但课程标准的研制也已作出了诸多的明示，数学教材的编写中也有了相应的体现。

一、 义务教育数学课程与信息技术的融合

义务教育阶段数学课程的设计，充分考虑了本阶段学生数学学习的特点，符合学生的认知规律和心理特征，有利于激发学生的学习兴趣，引发学生的数学思考。义务教育阶段数学课程的总目标包括四个方面：知识技能、数学思考、问题解决、情感态度。这四个方面不是相互独立和割裂的，而是一个密切联系、相互交融的有机整体。

义务教育阶段的数学课程包括三个学段，每个学段的课程内容均包括四个部

分：数与代数、图形与几何、统计与概率、综合与实践。在数学课程中,应当注重发展学生的数感、符号意识、空间观念、几何直观、数据分析观念、运算能力、推理能力和模型思想。为了适应时代发展对人才培养的需要,数学课程还要特别注重发展学生的应用意识和创新意识。

信息技术可以处理数学课程内容中的诸多问题,例如数据分析、模拟试验、几何直观、运动变化、数学建模等,所以数学课程与信息技术的融合可以更好地实现数学课程的培养目标,让课程内容与学生素养的提升落到实处。

义务教育数学课程标准在有些地方明确提出可以利用计算器、计算机等信息技术处理课程内容,更多的课程内容并没有明确地融入信息技术。深入挖掘课程内容与信息技术的融合,大致可以分为以下几个方面。

(1) 生活中的数学：义务教育数学课程标准很多内容都强调与生活实际相结合,这些情境中可以较好地融入现代信息技术,帮助学生理解和掌握知识。以"数与代数"和"图形与几何"为例,梳理三个学段的课程内容如下。

"数与代数"部分有：在生活情境中感受大数的意义,并能进行估计;在现实情境中认识元、角、分,并了解它们之间的关系;认识年、月、日,了解它们之间的关系;在现实情境中,感受并认识克、千克、吨、千米、米、厘米、分米、毫米、平方千米、公顷、立方米、立方分米、立方厘米、升、毫升、度、分、秒,能进行简单的单位换算;在熟悉的生活情境中,了解负数的意义,会用负数表示日常生活中的一些量;在具体情境中,了解常见的数量关系：总价＝单价×数量,路程＝速度×时间;等等。

"图形与几何"部分有：能通过实物或模型辨认长方体、正方体、圆柱和球、长方形、正方形、三角形、平行四边形、圆、角等几何图形,结合生活情境了解平面上两条直线的平行和相交;通过观察、操作,认识长方体、正方体、圆柱和圆锥及其展开图;会用上、下、左、右、前、后描述物体的相对位置,知道东、南、西、北中的一个能辨认其他三个,知道东北、西北、东南、西南四个方向,能辨认从不同方向(前面、侧面、上面)看到的物体的形状图;通过建筑、艺术上的实例了解黄金分割;等等。

(2) 图形的运动：结合实例,感受平移、旋转、轴对称现象;能用方格纸按一定比例将简单图形放大或缩小;能从平移、旋转、轴对称的角度欣赏生活中的图案,并运用它们在方格纸上设计简单的图案,运用图形的轴对称、旋转、平移等进行图案设计;探索等腰三角形、矩形、菱形、正多边形、圆的轴对称性质,以及线段、平行四边形、正多边形、圆的中心对称性质;能写出几何图形在平面直角坐系中经过平移、旋转、对称后得到的图形的顶点坐标;等等。

（3）数学运算：能借助计算器进行运算,解决简单的实际问题,探索简单的规律;了解近似数,在解决实际问题中,能用计算器进行近似计算;会在计算器上用科学记数法表示数;会使用计算器从已知锐角求它的三角函数值,由已知三角函数值求它的对应锐角;等等。

（4）数形结合：了解乘法公式的几何背景;能画出一次函数、正比例函数、反比例函数、二次函数的图象,探索函数图象的变化规律;等等。

（5）变化规律：会根据给出的有正比例关系的数据在方格纸上画图,并会根据其中一个量的值估计另一个量的值;通过操作,了解圆的周长与直径的比值为定值,探索并掌握圆的面积公式;结合对函数关系的分析,能对变量的变化情况进行初步讨论;等等。

（6）数据处理：能用自己的方式(文字、图画、表格等)呈现整理数据的结果,通过对数据的简单分析,体会运用数据进行表达与交流的作用,感受数据蕴含的信息;认识条形统计图、扇形统计图、折线统计图、频率分布直方图,并能用它们直观有效地表示数据;能从报纸杂志、电视等媒体中有意识地获取数据信息,能读懂简单的统计图表;能解释统计结果,根据结果能作出简单的判断和预测,并能进行简单的交流;能用计算器处理较为复杂的数据;等等。

（7）模拟试验：通过试验、游戏等活动,感受随机现象结果发生的可能性大小,能对一些简单的随机现象发生的可能性大小作出定性描述,并能进行交流;通过表格、折线图、趋势图等,感受随机现象的变化趋势;等等。

二、 普通高中数学课程与信息技术的融合

普通高中数学课程标准在"课程性质"中提到,随着现代科学技术特别是计算机科学、人工智能的迅猛发展,人们获取数据和处理数据的能力都得到了很大的提升,伴随着大数据时代的到来,人们常常需要对网络、文本、声音、图像等反映的信息进行数字化处理,这使数学的研究领域与应用领域得到极大拓展。

通过高中数学课程的学习,学生能获得进一步学习以及未来发展所必需的数学基础知识、基本技能、基本思想、基本活动经验(简称"四基");提高从数学角度发现和提出问题的能力、分析和解决问题的能力(简称"四能")。在学习数学和应用数学的过程中,学生能发展数学抽象、逻辑推理、数学建模、直观想象、数学运

算、数据分析等数学学科核心素养。

高中数学课程是义务教育阶段后普通高级中学的主要课程,具有基础性、选择性和发展性等特点。从课程与信息技术的融合来看,也是义务教育阶段数学课程与信息技术融合的延续和拓展,在数学思想、数学方法、数学思维、数学抽象、数学应用等方面相比义务教育阶段的数学课程更加深入、更加细致。

高中数学课程分为必修课程、选择性必修课程和选修课程。高中数学课程内容突出函数、几何与代数、概率与统计、数学建模活动与数学探究活动四条主线,它们贯穿必修、选择性必修和选修课程。在必修课程中,增设了集合、常用逻辑用语、相等关系与不等式关系、从函数观点看一元二次方程和一元二次不等式等预备知识。

以高中数学必修课程、选择性必修课程为例,高中数学课程内容与信息技术的融合主要包括以下几个方面:

(1)函数性质的研究:能用代数运算和函数图象揭示函数的主要性质;结合具体函数,了解奇偶性的概念和几何意义;结合三角函数,了解周期性的概念和几何意义;能用描点法或借助计算工具画出具体指数函数和对数函数的图象,探索并理解指数函数和对数函数的单调性与特殊点;结合具体实例,了解 $y = A\sin(\omega x + \varphi)$ 的实际意义;能借助图象理解参数 ω、φ、A 的意义,了解参数的变化对函数图象的影响;借助单位圆的直观性,探索三角函数的有关性质;利用计算器、计算机画出幂函数、指数函数、对数函数、三角函数等的图象,探索、比较它们的变化规律,研究函数的性质,求方程的近似解等。

(2)函数建模:在现实问题中,能利用函数构建模型,解决问题,体会这些函数在解决实际问题中的作用;会用三角函数解决简单的实际问题,体会可以利用三角函数构建刻画事物周期变化的数学模型;帮助学生掌握运用函数性质求方程近似解的基本方法(二分法);理解用函数构建数学模型的基本过程;运用模型思想发现和提出问题、分析和解决问题;在实际情境中,会选择合适的函数类型刻画现实问题的变化规律;能结合现实情境中的具体问题,利用计算工具,比较对数函数、一元一次函数、指数函数增长速度的差异,理解"对数增长""直线上升""指数爆炸"等术语的现实含义;等等。

(3)数学资源:收集、阅读函数的形成与发展的历史资料,撰写小论文,论述函数发展的过程、重要结果、主要人物、关键事件及其对人类文明的贡献;收集、阅读对数概念的形成与发展的历史资料,撰写小论文,论述对数发明的过程以及对数对简化运算的作用;收集、阅读一些现实生活、生产实际或者经济领域中的数学模型,体会人们是如何借助函数刻画实际问题的,感悟数学模型中参数的现实意义;收集、阅读几何学发展的历史资料,撰写小论文,论述几何学发展的过程、重要结果、主要人物、关键事件及其对人类文明的贡献;收集、阅读数列方面的研究成果,特别是我国古代的优秀研究成果,如"杨辉三角"、《四元玉鉴》等,撰写小论文,论述数列发展的过程、重要结果、主要人物、关键事件及其对人类文明的贡献,感悟我国古代数学的辉煌成就;收集、阅读对微积分的创立和发展起重大作用的有关资料,包括一些重要历史人物(牛顿、莱布尼茨、柯西、魏尔斯特拉斯等)和事件,采取独立完成或者小组合作的方式,完成一篇有关微积分创立与发展的研究报告;收集、阅读平面解析几何的形成与发展的历史资料,撰写小论文,论述平面解析几何发展的过程、重要结果、主要人物、关键事件及其对人类文明的贡献;等等。

(4)数形结合:通过几何直观,了解平面向量投影的概念以及投影向量的意义;会用向量方法解决简单的平面几何问题、力学问题以及其他实际问题,体会向量在解决数学和实际问题中的作用;借助向量的运算,探索三角形边长与角度的关系,掌握余弦定理、正弦定理;理解复数的代数表示及其几何意义,通过复数的几何意义,了解复数的三角表示,了解复数的代数表示与三角表示之间的关系,了解复数乘、除运算的三角表示及其几何意义;通过导数概念的学习体会极限思想,通过函数图象直观理解导数的几何意义;通过建立坐标系,借助直线、圆与圆锥曲线的几何特征,导出相应方程,用代数方法研究它们的几何性质;运用向量的方法研究空间基本图形的位置关系和度量关系,体会向量方法和综合几何方法的共性和差异;运用向量方法解决简单的数学问题和实际问题,感悟向量是研究几何问题的有效工具;通过实例,如通过行星运行轨道、抛物运动轨迹等,使学生了解圆锥曲线的背景与应用;充分发挥信息技术的作用,通过计算机软件向学生演示方程中参数的变化对方程所表示的曲线的影响,使学生进一步理解曲线与方程的关系;等等。

(5)空间观念:利用实物、计算机软件等观察空间图形,运用直观感知、操作确认、推理论证、度量计算等认识和探索空间图形的性质,建立空间观念;应遵循从整体到局部、从具体到抽象的原则,提供丰富的实物模型或利用计算机软件呈现空间几何体,帮助学生认识空间几何体的结构特征,进一步掌握在平面上表示空间图形的方法和技能；使用信息技术展示空间图形，为理解和掌握图形几何性质（包括证明）提供直观模型；等等。

（6）数据处理：学习数据收集和整理的方法、数据直观图表的表示方法、数据统计特征的刻画方法；能根据实际问题的特点，选择恰当的统计图表对数据进行可视化描述，体会合理使用统计图表的重要性；通过具体实例，感悟在实际生活中进行科学决策的必要性和可能性；知道获取数据的基本途径，包括：统计报表和年鉴、社会调查、试验设计、普查和抽样、互联网等；引导学生理解两个随机变量的相关性可以通过对成对样本数据进行分析，利用一元线性回归模型可以研究变量之间的随机关系，进行预测；理解利用 2×2 列联表可以检验两个随机变量的独立性的原理；通过具体案例引导学生参与数据分析的全过程，并鼓励学生使用相应的统计软件；等等。

（7）概率模型：通过实际操作、计算机模拟等活动，积累数据分析的经验；鼓励学生尽可能运用计算器、计算机进行模拟活动，处理数据，更好地体会概率的意义和统计思想，例如利用计算器产生随机数来模拟掷硬币试验等，利用计算机来计算样本量较大的数据的样本均值、样本方差等；通过误差模型，了解服从正态分布的随机变量，通过具体实例，借助频率直方图的几何直观，了解正态分布的特征；等等。

（8）数学建模与数学探究：数学建模活动与数学探究活动以课题研究的形式开展，在数学建模活动与数学探究活动中，鼓励学生使用信息技术；等等。

数学课程标准与信息技术的融合带来数学教材与信息技术的融合。与过去各种版本的教材相比，新课标教材因许多内容都融入了信息技术而变得生动起来，尤其是各版本的电子教材的融入，使得信息技术内容更加丰富，可读性和趣味性也更强。

第二节　信息技术与数学教学的融合

2001 年 6 月由教育部印发的《基础教育课程改革纲要（试行）》中提到：大力推进信息技术在教学过程中的普遍应用，促进信息技术与学科课程的整合，逐步实现教学内容的呈现方式、学生的学习方式、教师的教学方式和师生互动方式的变革，充分发挥信息技术的优势，为学生的学习和发展提供丰富多彩的教育环境和有力的学习工具。这是我国首次以文件的形式提出自信技术与课程的整合，也开辟了一种前所未有的新课程面貌。

随后依次颁布的义务教育数学课程标准和普通高中数学课程标准从实验稿到正式稿除了从课程层面提出融合信息技术的要求，还在教学层面甚至教材编写与课程资源开发层面提出了融合信息技术的建议。

义务教育数学课程标准在"教学建议"中提到，要合理地运用现代信息技术，有条件的地区，要尽可能合理、有效地使用计算机和有关软件，提高教学效益。当然，教师在教学中也要处理好使用现代信息技术与教学手段多样化的关系。我们不能完全像以往一样用"黑板＋粉笔"上完一节数学课，也不能彻底抛弃黑板与粉笔，一律采用电脑播放课件的方式去上数学课。数学课的核心是思维的深入与互动，一节数学课如果没有思维的活动就不能称为一节成功的数学课。电脑播放式的数学课往往容易造成学生似懂非懂、知识难以形成结构的现象。所以，在应用现代信息技术的同时，教师还应注重课堂教学的板书设计，这有利于实现学生的思维与教学过程的同步，有助于学生更好地把握教学内容的脉络。

那么，究竟什么情形适合使用信息技术呢？什么情况不宜使用信息技术呢？这一问题我们在后续章节还将继续探讨。例如，在学生理解并能正确应用公式、法则进行计算的基础上，可以鼓励学生用计算器完成较为繁杂的计算；课堂教学、课外作业、实践活动中，可以根据课程内容的要求允许学生使用计算器，鼓励学生用计算器或计算机软件探索规律；利用计算机展示函数图象与几何图形的运动变化过程、从数据库中获得数据绘制合适的统计图表、弄清楚数学原理之后利用计算机做模拟试验，等等。当然，学生如果没有理解运算法则，更没有形成自己的运算能力，一遇到计算问题就得依赖于计算器或计算机，这就适得其反了。现代信息技术的作用不能完全替代原有的教学手段，其价值在于实现原有的教学手段难以达到或无法达到的效果。

义务教育数学课程标准在"课程资源开发与利用建议"中提到，信息技术资源的开发与利用要把信息技术作为三个方面的辅助性工具：一是将信息技术作为教师从事数学教学实践与研究的辅助性工具；二是将信息技术作为学生从事数学学习活动的辅助性工具；三是将计算器等技术作为评价学生数学学习的辅助性工具。我们可以看到,信息技术的定位是"辅助性工具",不是教与学以及评价活动的主体手段。技术的革新可以推动新一轮数学教育与教学的革命,但即使是 AI 也不能替代人的思维在教与学活动中的作用。

从课程资源开发与利用来看,有条件的地区与学校都应积极开发与利用计算机(器)、多媒体、互联网等信息技术资源,组织教学研究人员、专业技术人员和教师开发与利用适合自身课堂教学的信息技术资源。这可以更好地促进信息技术在数学教学中发挥积极作用。但教学中也要尽量减少信息技术对数学学习的消极作用,例如不应在数学教与学的过程中简单地将信息技术作为缩短思维过程、替代能力培养、影响素养形成、加大教学容量的工具;不提倡用计算机上的模拟实验代替学生的直观想象,弱化学生对数学规律的探索活动。

普通高中数学课程标准在"教学建议"中也提到,要重视信息技术运用,实现信息技术与数学课程的深度融合。随着互联网和人工智能的飞速发展,信息技术更是如虎添翼。在"互联网十"人工智能时代,信息技术的广泛应用正在对数学教育产生深刻影响。在数学教学中,信息技术是学生学习和教师教学的重要辅助手段,为师生交流、生生交流、人机交流搭建了平台,为学习和教学提供了丰富的资源。因此,教师应重视信息技术的运用,优化课堂教学,转变教学与学习方式,真正做到因材施教。例如,我们可以利用信息技术为学生理解概念创设背景,为学生探索规律启发思路,为学生解决问题提供直观方法,引导学生自主获取资源。在这个过程中,教师要有意识地积累数学活动案例,总结出生动、自主、有效的教学方式和学习方式。教师应注重信息技术与数学课程的深度融合,实现传统教学手段难以达到的效果。例如,利用计算机展示函数图象、几何图形运动变化过程;利用计算机探究算法、进行较大规模的计算;从数据库中获得数据,绘制合适的统计图表;利用计算机的随机模拟结果,帮助学生更好地理解随机事件以及随机事件发生的概率。

一、信息技术在数学教学中的利与弊

(1)激发学习兴趣与分散注意力。利用现代信息技术直观、形象等特点,结合具体的教学内容巧设情境,展示知识发生发展的过程,通过动画实现对参数变化的直观理解,通过视频实现对历史素材的综述"再现",通过颜色实现对立体图形的分层表现,从而让学生在声、形、画交融的感官刺激下,对数学及数学学习产生极大的兴趣和求知欲,调动他们的学习积极性。但如果过度渲染这种氛围,甚至在完全可以脑补的场景中也制作动画进行展示,就极有可能分散学生的注意力,让课堂教学的重点偏移,从而使课堂教学效率低下。

(2)辅助课堂教学与弱化教学技能。从教师教的角度来看,信息技术也是一把双刃剑。信息技术既可以辅助教师讲解疑难点,也可能会影响教师专业技能的发展。例如,一道立体几何问题中的位置关系凭借一块黑板和一支粉笔很难描绘清楚,借助信息技术却可能会非常直观、形象地交待清楚。如果一位教师(尤其是新教师)长期借助信息技术讲解立体几何,他自己画立体几何图形的能力就得不到提升。学生的画图能力与空间观念也可能会因此受到影响。学生在考试或练习中画出来的图形可能就不堪入目了。

(3)突出直观形象与忽略思维过程。计算机呈现数学问题往往是看不到过程的,如果教学中利用信息技术,学生可能会感到非常直观、形象,能帮助师生突破教学难点,但因为缺乏自己的理性思考,学生对这一数学知识或方法很可能是一知半解,不利于掌握和迁移应用。例如,用计算机模拟抛硬币试验,输入抛掷硬币的次数即可得出硬币出现正、反面的次数,试想人工抛掷硬币 1 000 次有多么艰难,而用计算机只需要 1 秒钟!但是,"神奇"的模拟试验背后,学生是否体会到大数定律的魅力?是否了解模拟试验的原理?是否理解古典概型的特征?如果用计算机模拟试验替代学生的思维过程,这就本末倒置了。

(4)自主学习能力与自我控制意识。信息技术与数学教学融合,尤其是线上教学的融合,可以帮助学生通过教师提供的教学资源,自主选择学习的进度和速度,对同一个知识点可以反复播放,真正让学生的自主学习和教师的因材施教落到实处。这在传统的数学教学模式中是很难实现的。但线上教学带给教师的最大困惑是学生自主了,是否真的学习了?学生在线了,是否真的"在现"了?包括现在大家经常提到的"泛在教学"也有同样的问题,学生的学习泛了,但真的在学习吗?没有监管的学习往往需要学生有更强的自我控制能力。不自觉的同学很可能正在利用自主学习之机玩起了电脑游戏。

(5)丰富的资源与内容的选择。信息技术为教师和学生提供了更为广阔的学习平台。通过丰富的网络资源,教师可以学习和吸收别人的长处、经验,集思广益,提高自身的教学水平;学生可以针对自己的薄弱环节进行巩固与提高,提高自己的数学基础和能力。但随之而来的问题是教师和学生如何对网络资源进行选择、加工与内化。网络资源虽然丰富,但往往良莠不齐。如果教师直接将这些资料往教案中搬运、学生直接将一些网络纳入自己的"课表",那么数学问题的针对性、师生的时间成本和教与学的效率就十分令人堪忧。传统的教学设计都是由教师按照自己的思路捋清教学主线,再选择合适的资料,最后进行细致深入的打磨与推敲,虽然辛苦但适应性高。听教师的课,学生没有自己的选择,也不用做出选择。虽然容量不足,但效果与效率有余。

二、 信息技术在数学教学中的应用原则

信息技术在数学教学中的应用不能只停留在表面上,不能只注重声、形、画的设计与呈现,而应遵循以下几个原则:

(1)实效性原则。在数学教学中应用信息技术应当注重实效性,不能为了应用信息技术而应用。实效性的起点和归宿都是明确的目标设计,应用信息技术要以突破教学难点、提高教学效果、优化教学过程、培养思维能力与核心素养为总体的目标方向。如果信息技术的应用偏离了这一目标方向,就可能会失去信息技术的优势与价值,甚至会本末倒置,出现低效课堂。例如,有的数学课堂上过多地运用互联网资源,课件也比较花哨,而且很多内容与本节课的主要知识与方法贴合度不高,这样的课堂可能比较有气氛,但教学重点不突出,学生的基本知识和基本技能也得不到应有的训练与巩固,导致课堂教学效率低下。所以,信息技术在数学教学中的应用首先要有具体与明确的目标,并能始终围绕目标进行展开。

(2)互补性原则。传统的数学教学往往是以教师为主导、学生为主体的师生互动的动态过程。信息技术的应用往往是以媒体资源为载体,结合平台的互动功能和教师的组织教学展开的教学过程。信息技术的应用与传统教学的推理运算、板书画图、提问问答等形式的有机结合,是教学效果的重要保障,二者不能厚此薄彼、偏爱偏废,应当结合具体的教学内容协调好师生地位与信息技术的应用尺度。所以,信息技术在数学教学中的应用,应遵循优势互补的原则,实现信息技术、教师教学、学生自主探讨多方面融合,充分发挥信息技术的作用和师生的能动性,切实提高教学效率。

(3)融合性原则。有人认为,信息技术在数学教学中的应用就是利用计算机等媒体进行辅助教学,甚至更简单地认为,用了计算机就是运用了信息技术。在基于"互联网＋"的 AI 时代,信息技术可以用来营造现实情境、数学情境、科学情

境和历史情境,可以引导学生独立思考、自主探究、协作学习,可以实现信息获取、资源共享、多重交互,形成良好的新型教学环境和新的教学模式,促进传统教学结构的变革。将信息技术与数学教学进行融合,可以塑造一个突破时空限制的开放的动态系统,更容易实现学习的自主性与个性化。

（4）心理学原则。信息技术在数学教学中的应用要循序渐进,要遵循学生的认知心理,符合学生的认知规律,要有利于学生建构新的知识体系。在教学过程中应用信息技术,要考虑学生认知的近因效应和首因效应,有意注意与工作记忆,前摄抑制与倒摄抑制,等等。何时运用信息技术,何时开展师生活动,何时讲解教学重点,何时突破教学难点,课件采取什么颜色和字号字体,一节课的教学容量多大,资源信息量多大,都要充分考虑到班级学生的认知基础和认知特点,让教学效果与教学效率最大化。

三、 信息技术在数学教学中的应用策略

信息技术与高中数学教学的整合,并不是简单地将信息技术应用于数学教学,而是深层次的融合和主动的适应。信息技术在数学教学中的应用,要从数学教学的整体观考虑信息技术的功能和作用。信息技术贯穿于数学教学的整个过程,出发点和立足点都是学生能力的培养与素养的提升。

信息技术与学科教学融合的目标与策略问题,是一个长期受关注的国际教育研究课题。到了 2000 年,美国教育技术 CEO 论坛的第三个年度报告指出,信息技术与学科课程整合的主要意义在于创建了一个数字化的学习环境。我们首先需要确定一个教育目标,并将数字化内容与该目标联系起来;然后再确定整合应当达到的目标标准,并依据标准进行测量与评价,以对整合的策略进行相应调整。2000 年之后,以罗布耶（Roblyer, M. D）为代表的许多西方学者认为,在信息技术环境下的学科教学,要在整合过程中体现先进的教育思想和教学理论,要更加重视整合的教学设计与整合的策略等问题。

目标缺失、策略不当、内容功利化倾向严重等问题是当前信息技术与数学教学融合的常见弊端,而"学难入迷""懂而不会""认识低下"则是当前学生数学学习中的突出问题。这些弊端与问题的存在,说明信息技术与数学教学的融合不仅需要信息技术与课程、教学进行融合,还需要信息技术与数学教学基本思想观念进行融合,需要剖析深度学习的内涵与特性,从培养兴趣、促进理解、启悟思想等层

面设定信息技术与数学教学深度融合的目标与策略。

基于此,我们认为信息技术在数学教学中的应用上应考虑以下几个方面:

(1)微课与数学教学的融合。微课是在数学教学过程中应用非常广泛的一项信息技术,以小视频为主要载体的微课与数学教学的融合,最大的作用就是可以更好的培养学生的自主学习能力。教师在进行备课的时候,结合课堂上需要讲解的重难点或数学方法,进行微课的制作,将微课作为数学教学的辅助工具。学生通过观看微课,可以有效地掌握重点,突破难点。在教学结束之后,微课还可以作为学生复习的重要资源,从而更好地对教学知识与方法进行巩固。因此,微课与数学教学的有效融合,可以有效促进教学效率的提升。

(2)智能平板与数学教学的融合。交互智能平板应用于数学教学的主要优点是可以无限延伸书写空间,可以实现内容的恢复、更新与保存。智能平板与数学教学的融合可以更好的加强师生互动,从而有效提升学生在课堂教学中的参与度。智能平板功能强大,切莫只充当电子黑板使用。教师若能充分利用智能平板的交互功能,将数学教学内容与相关功能有机结合起来,则有可能真正实现互动式教学,使学生在教学中的主体地位得以体现,促进学生对数学知识与方法的理解与掌握。

(3)课程资源与数学教学的融合。丰富的教学资源是信息技术的一个巨大优势,它既有利于教师备课,又有利于学生学习。前文已提到,课程资源的融合最关键在于教师对资源的甄别与选择。当然,数学教学活动的关键在于互动,主要包括师生互动和生生互动。而互动的载体是恰当的数学教学资源。所以,教师或学生对课程资源的自主优选是优化数学教学过程的重要环节,也是评价教学效果的好坏的关键。

(4)利用信息技术创建交互环境。信息技术可以为数学教学创建各类具有多维交互功能的数字化学习环境,在这样的环境下,师生、生生间的对话交互、协作研讨、成果交流、答疑纠错、智能诊断与评价指导等行为都更加便利和有效。教师若能精心设计一些主题学习项目或探究性课题,努力设计有任务驱动的数字化学习环境,引导学生综合应用已学数学知识,充分利用网络资源与计算机软件的探索试验功能,分小组进行协作研讨,通过多维交互平台展示研究成果,在相互纠错评价中不断反思改进,则将提高学生学习的积极性,多层面优化学生的数学思维品质,增强学生的数学应用意识与能力。这将更易于促进学生概念与经验、逻辑与直觉、理智与情感、方法与思想、活动与精神的同步融合,实现信息技术与数学教学在观念层面的深度融合。

(5)利用信息技术创设教学情境。教师可以利用信息技术创设各种教学情境,充分调动学生学习的积极性,活跃学生的思维,让学生更好地进入和参与,从而有效突出教学重点和突破教学难点。例如在进行"抛物线的几何性质"的教学时,可以利用信息技术呈现太阳能灶、FAST(中国天眼),逐步引导学生分析其中的数学道理。通过创造这种综合现实情境、科学情境和文化情境于一体的教学情境,刺激学生的视听感官与思维,吸引学生的注意力,让学生自主去发现数学问题、探索数学答案,激发学生的民族自豪与文化自信,充分发挥学生的主体作用。

在先进的信息化智能教育环境中,我们还可利用虚拟现实(VR)、增强现实(AR)与混合现实(MR)等新技术,营造可视化影像、虚实互动情境与可进化场景,让学生能身临其境地去感受、体验和探究,从而有效引导学生进入沉浸式学习境界。

(6)利用信息技术展示几何直观。立体几何的一个最大难点是空间想象力的不足。由于立体几何本身具有较强的抽象性,不易想象其空间直观,使得学生很难深度理解相关几何知识。在传统的教学中,教师常常会使用一些简单的教具或模型去进行展示,但往往模型有限,而且具有局限性。利用信息技术整合教学时,能比较自由地进行展开、旋转、翻折,多方位多角度感受空间形象,大大降低了理解的难度。例如,讲解"用平面截取正方体所得截面形状"时,利用动画演示远比教具直观、生动,融入数形结合,能够促进学生空间想象力和数学运算能力的全面提升。

(7)利用信息技术展示运动变化。几何中的运动变化,函数图象随参数变化而变化的规律,往往因为抽象或分类讨论不全而形成教学难点。利用信息技术直观展示图形与图象的运动变化情况,化静为动,有利于直观理解,有利于解决教学难点。利用信息技术将抽象的数学问题直观、生动地表现出来,可以培养学生的数学直观和逻辑思维能力。

(8)利用信息技术进行模拟试验。随着信息技术的快速发展,信息技术逐步成为诸多数学问题的实验室。通过数学实验,可以让学生体验到数学知识形成的过程,使得学生对数学知识的理解更加透彻,对数学知识的记忆更加深刻,对数学的学习兴趣更加浓厚。将数学实验引进课堂,把信息技术作为探索数学规律的手段和工具,有助于学生自主探索数学规律。例如,概率教学中,可以进行抛掷硬币和掷骰子的模拟试验;几何教学中可以利用几何画板或 GeoGebra 探索几何图形的变化规律。值得注意的是,在软件平台上可以直观确认的事实,不能替代必要的抽象思考和逻辑推理。利用计算机软件开展数学试验,是一个直观探索、尝试检验的过程,可以促进学生的数学理解,增强学生的数学探究能力。

综上所述,现代信息技术与数学教学的整合,不仅需要考虑技术层面,而且需要考虑教学层面,甚至需要考虑心理层面。如果教师能够真正做好信息技术与数学教学以及学生认知心理的完美融合,那么信息技术就能够有效提高数学教学效果,能帮助学生更生动、直观地进行数学学习,能够激发学生的学习兴趣,吸引学生更加积极地加入数学探索之中。

第三章　信息技术在代数教学中的应用

第一节　信息技术在数与式中的应用

数与式的内容主要包括数与式的认识和数与式的运算两个部分。其中"式"通常包括代数式与公式,这涉及它们的几何意义或几何背景。教学中,信息技术可以发挥其独特的作用。下面,我们分别从数与式的认识、数与式的运算、数与式的几何背景这三个方面举例说明信息技术在数与式的教学中的应用。

一、数与式的认识

数与式的认识属于概念教学,信息技术在这部分内容教学中的主要应用形式是呈现和识别,给学生提供一定的教学情境,增强学生的理解和记忆。小学阶段的小朋友对 10 以内的正整数的认识,更多的是把这些数当作图形或符号来进行理解和识记;中学生对代数式的认识,往往需要从概念的形成过程进行理解。

对 10 以内的正整数的认识,可以利用信息技术制作微课达到如下效果:系统随机出现 10 以内数目的某一物体(如小黄鸭),让小朋友在括号内填写物体的数量,然后系统可以自动给出正误判断。这样既巩固了小朋友的数(shǔ)数能力,又巩固了小朋友对数字的认识和书写能力。

对代数式的认识,可以制作课件体现概念的形成过程。例如,对"分式"概念的教学,可以先呈现一些整式、分式混杂的代数式,然后问哪些代数式可以划分为一类? 并把同一类代数式拖拽到某一个圆圈内;接下来可以再问同一个圈内的代数式有什么共同特点? 在此基础上总结"分式"具有的特点;最后对概念进行辨析,给出一些代数式如 $\frac{x}{2}$、$\frac{2}{\pi}$、$\frac{x^2}{x}$ 等,判断是不是分式,加强对分式概念的理解。这样借助信息技术呈现概念的形成过程,更有利于学生理解和掌握概念。

二、 数与式的运算

数与式的运算首先要搞懂运算法则,其次要进行适当的运算训练。运算法则的学习,往往需要通过具体的情境或实例来帮助学生理解;运算训练最佳的方式是限时限量答题。这些都可以借助信息技术来实现。

以有理数的运算法则教学为例,我们可以借助信息技术设置一个问题情境:小明家边有一条东西向的平直马路,每天晚饭后小明的爷爷都在这条马路上散步,假设小明的爷爷步长固定,规定向东走的步数为正数。

(1) 若小明的爷爷从家出发,先往东走 200 步到达一个健身广场,再往东走 700 步到达一个生态公园,则小明的爷爷从家走到生态公园共需_____步;

(2) 若小明的爷爷从家出发,先往东走了 800 步到达一个公交车站,再往西走 300 步到达一个生活超市,则小明的爷爷从家走到生活超市共需_____步;

(3) 综合(1)、(2)的信息,小明的爷爷从生活超市走到生态公园共需_____步,从生活超市走到健身广场共需_____步。

这一问题情境既可以生动形象地展示正、负数的意义,又可较好地巩固对有理数加法法则的理解。制作软件可以是 PPT、Flash、Authorware 等软件。

利用信息技术巩固有理数的运算,可以设置总题量、总时长、题时长,以及过关模式,让学生灵活、准确地运用运算法则进行有理数的运算。例如,一份有理数的运算训练总题量为 20 道题,每道题的答题时限为 1 分钟,总的时限为 15 分钟,每道题赋分为 5 分,总分 90 分算过关。如果不能过关,系统将提供再做一遍的机会,或者选择随机再出一份训练题;如果能够过关,系统将自动进入下一关的训练。可以用 Flash、Authorware 等软件制作课件。

有时候代数运算不是难,而是繁。为了避免运算对规律发现的干扰,也可以借助信息技术帮助完成运算。例如,为了研究"$3x+1$"问题的规律,可以用信息技术制作一个程序(例如用 VB 或 VFP 制作一个小程序),输入起始数,计算机自动动态完成每一步的运算过程。这样更有利于我们对变化规律进行研究。

三、 数与式的几何背景

复数虽然是数,但它与实数有很多不同之处,包括运算和比大小,复数还具有独特的几何意义。同学们都知道,在复平面内,复数与向量一一对应,也与一个点有着一一对应关系,表示向量的有向线段和点都是复数的几何表示。但是有一些

同学总是不能理解复数运算的几何意义。例如，复数 z 满足 $|z-i|=1$（i 为虚数单位），那么复数 z 在复平面内对应的点 Z 的轨迹是什么？$|z|$ 的最大值和最小值分别是多少？这时，我们可以利用信息技术制作微课来理解：先显示复数 i 在复平面内对应的点 A，接着显示它对应的向量 $\overrightarrow{OA}$；再任意画一条有向线段（带箭头）表示向量 $\overrightarrow{OZ}$，指出它对应的点 Z 以及复数 z；然后从向量运算的角度理解复数运算 $z-i$ 对应的向量 $\overrightarrow{AZ}$；最后再理解 $|z-i|$ 的几何意义其实就是向量 $\overrightarrow{AZ}$ 的模，从而理解满足 $|z-i|=1$ 的复数 z 对应的点 Z 的轨迹就是以点 A 为圆心、1 为半径的圆；当点 Z 在这个圆上运动时，$|z|$ 的最大值为 2，最小值为 0，最终较好地理解复数运算的几何意义。

有一些数学公式的几何背景也可以借助信息技术进行理解。例如完全平方公式 $(a+b)^2=a^2+2ab+b^2$，可以利用信息技术动态展示下面的几何背景帮助学生从实际意义来理解公式（如图 3-1-1）：显示线段 AB（长度为 a）→ 显示线段 BC（长度为 b）→ 显示正方形 $ACDE$ → 显示中间分割线 → 分别标出各个小长方形与小正方形的面积 → 将大正方形面积算两次得完全平方公式。

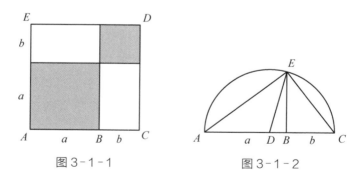

图 3-1-1　　　　　　　　　图 3-1-2

有一些数学定理也可以利用几何意义来进行解释。例如均值定理 $\dfrac{a+b}{2} \geqslant \sqrt{ab}$（$a$、$b \in \mathbf{R}^+$）可以用信息技术展示其几何解释（如图 3-1-2）：显示线段 AB（长度为 a）→ 显示线段 BC（长度为 b）→ 以 AC 为直径作一个半圆 → 过点 B 作 AC 的垂线交半圆于点 E → 解释 $\dfrac{a+b}{2}$ 与 $\sqrt{ab}$ 的几何意义 → 解释均值定理。

第二节　信息技术在函数中的应用

　　函数是中学数学的一条主线,贯穿于整个中学数学课程之中。研究函数主要是研究函数的图象和性质,而函数的图象与性质是一个整体,从不同侧面反映了函数的一些本质特征。函数的图象能直观地表现函数的性质,但有些性质并不容易从图象的直观中看出来;函数的性质能深入刻画函数的图象特征,但有些图象特征并不容易从代数角度准确推演。因此,研究函数常常采用数形结合的方法。

　　当函数的解析式中含有参数时,常常需要按照参数进行分类讨论,或者采用分离参数法。这也正是高中生学习函数的难点。借助信息技术研究函数的图象和性质,可以直观地理解函数,能较好地突破理解上的难点。我们常常可以利用 GeoGebra 或几何画板等软件辅助研究。

一、　理解参数对函数图象与性质的影响

　　函数中的参数对函数的图象和性质都有一定的影响,很多参数都有几何意义。初学函数时,对参数的理解和掌握往往是一个难点。当一个函数的解析式中含有多个参数时,我们常常会先让一个参数变化,而固定其他参数,单独去研究这一个参数对函数图象和性质的影响。

　　例 1　一次函数 $y=kx+b$ 中含有两个参数 k 和 b,其中 k 称为斜率,b 称为 y 轴上的截距,这也是这两个参数的几何意义。

　　固定 b,让 k 变化,我们会发现一次函数的图象(直线)绕着一个定点旋转;固定 k,让 b 变化,我们会发现一次函数的图象作平行移动。如果在 GeoGebra Classic 的"代数区"输入"$kx+b$",则出现如图 3-2-1 所示的界面:点击"代数区"中 k 的动画按钮 ▶,我们可以直观地看到直线绕着定点旋转;点击"代数区"中 b 的动画按钮 ▶,我们可以直观地看到直线在作平行移动。当 k 变化时,函数的单调性可能会发生变化;当 b 变化时,函数在坐标轴上的截距会发生

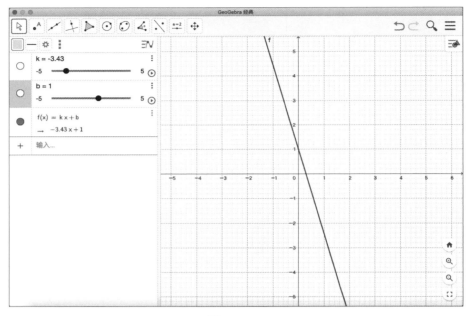

图 3-2-1

变化。

同样地,我们可以利用 GeoGebra 或几何画板等软件研究二次函数 $y = ax^2 + bx + c(a \neq 0)$ 中的参数 a、b、c 对函数图象与性质的影响;正弦型函数 $f(x) = A\sin(\omega x + \varphi)$ 中的参数 A、ω、φ 对函数图象与性质的影响,以及这些参数的几何意义;指数函数 $y = a^x(a > 0, a \neq 1)$ 和对数函数 $y = \log_a x(a > 0, a \neq 1)$ 中的底数 a 对函数图象与性质的影响;幂函数 $y = x^\alpha$ 中的幂指数 α 对函数图象与性质的影响,等等。

二、 直观地展示函数图象的变换及其性质

利用 GeoGebra 或几何画板等软件可以很直观地看到函数图象变换的动画,从而总结出图象变换的性质。下面以 GeoGebra 软件研究函数 $f(x) = x^2$ 和 $f(x) = x^2 - x$ 为例,说明几种常见变换及其性质:

（1）平移变换

在 GeoGebra 的"代数区"输入"$x\wedge 2$",并按下回车键,则自动显示为"$f(x) = x^2$",同时在"绘图区"显示该函数的图象;然后在"代数区"输入"$f(x + a)$",则自

动显示为"$g(x)=f(x+a)$",并显示滑动条"$a=1$",同时在"绘图区"显示该函数的图象,如图 3-2-2 所示。

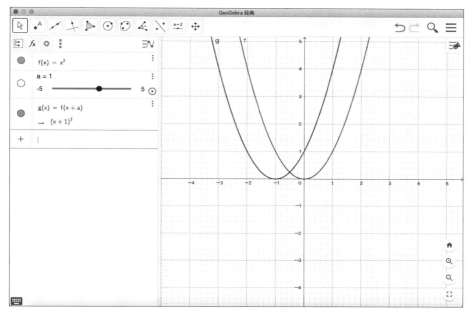

图 3-2-2

　　点击"代数区"中 a 的动画按钮 ⏵ ,就会直观地看到随着参数 a 的变化,函数 $f(x)=x^2$ 的图象左、右平移的动画。仔细观察会发现,当 $a>0$ 时,函数的图象往左平移;当 $a<0$ 时,函数的图象往右平移。 $|a|$ 越大,图象平移后与函数 $f(x)$ 的图象距离越大。

　　在"代数区"输入"$f(x)+b$",并按下回车键,则自动显示为"$h(x)=f(x)+b$",并显示滑动条"$b=1$",同时在"绘图区"显示该函数的图象,隐藏函数 $g(x)$ 的图象,结果如图 3-2-3 所示。

　　点击"代数区"中 b 的动画按钮 ⏵ ,就会直观地看到随着参数 b 的变化,函数 $f(x)=x^2$ 的图象上、下平移的动画。仔细观察会发现,当 $b>0$ 时,函数的图象往上平移;当 $b<0$ 时,函数的图象往下平移。 $|b|$ 越大,图象平移后与函数 $f(x)$ 的图象距离越大。

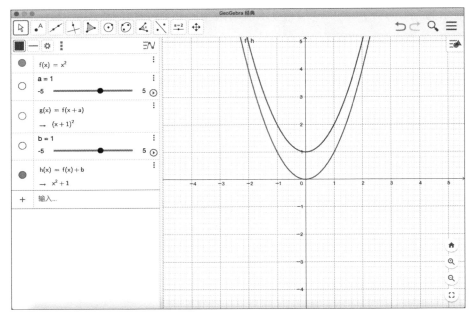

图 3-2-3

（2）伸缩变换

在 GeoGebra 的"代数区"输入"$x\wedge 2 - x$"，并按下回车键，则自动显示为"$f(x) = x^2 - x$"，同时在"绘图区"显示该函数的图象；然后在"代数区"输入"$f(ax)$"，则自动显示为"$g(x) = f(ax)$"，并显示滑动条"$a = 1$"，同时在"绘图区"显示该函数的图象，如图 3-2-4 所示。

点击"代数区"中 a 的动画按钮 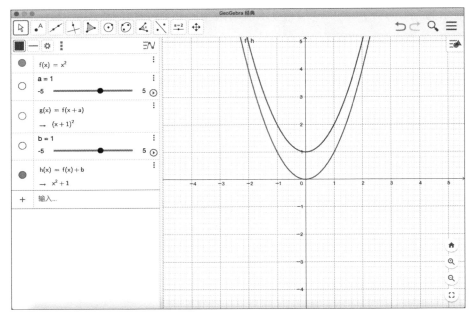，就会直观地看到随着参数 a 的变化，函数 $f(x) = x^2 - x$ 的图象横向伸缩的动画，不动点是坐标原点。仔细观察会发现，当 $a > 0$ 时，函数图象的相对位置不变；当 $a < 0$ 时，函数图象对称地翻折到了 y 轴左侧。$|a|$ 越大，函数图象的开口越小。当 $|a| > 1$ 时，函数图象相比原来进行了收缩；当 $|a| < 1$ 时，函数图象相比原来进行了伸张。

在"代数区"输入"$bf(x)$"，并按下回车键，则自动显示为"$h(x) = bf(x)$"，并显示滑动条"$b = 1$"，同时在"绘图区"显示该函数的图象，如图 3-2-5 所示。

点击"代数区"中 b 的动画按钮 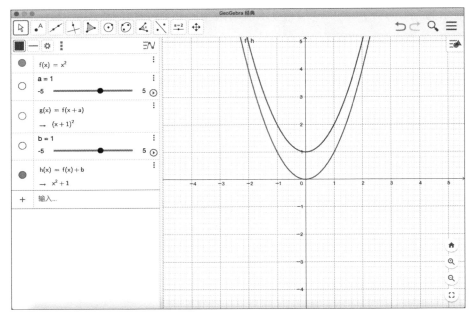，就会直观地看到随着参数 b 的变化，函数 $f(x) = x^2 - x$ 的图象向纵向伸缩的动画（容易与横向伸缩混淆），不动点是坐标原点和 $(1, 0)$ 点。仔细观察会发现，当 $b > 0$ 时，函数图象的相对位置不变；当 $b < 0$

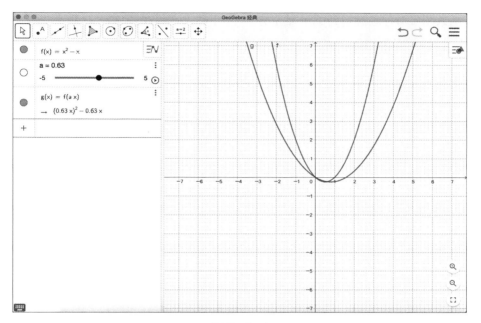

图 3-2-4

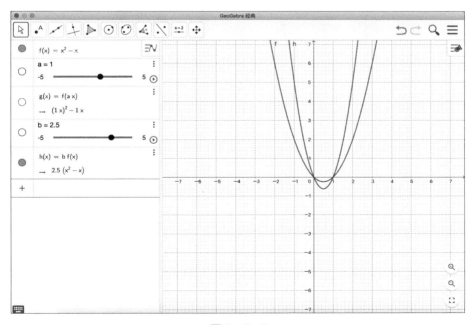

图 3-2-5

时，函数图象对称地翻折到了 x 轴下方。$|b|$ 越大，函数图象的开口越小。当 $|b|$ >1 时，函数图象相比原来进行了收缩；当 $|b|<1$ 时，函数图象相比原来进行了伸张。

（3）对称变换

在 GeoGebra 的"代数区"输入"$x\wedge 2-x$"，并按下回车键，则自动显示为"$f(x)=x^2-x$"，同时在"绘图区"显示该函数的图象；然后在"代数区"输入"$f(|x|)$"，则自动显示为"$g(x)=f(|x|)$"，同时在"绘图区"显示该函数的图象，如图 3-2-6 所示。所得函数的图象保留了 y 轴右侧的图象，并把原来 y 轴右侧的图象关于 y 轴对称过去。

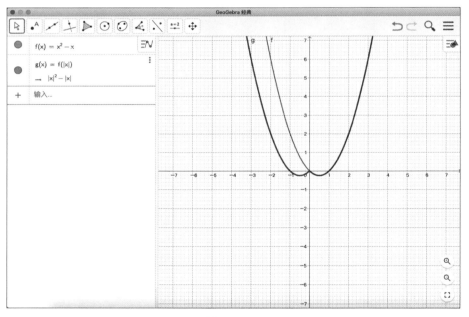

图 3-2-6

在"代数区"输入"$|f(x)|$"，并按下回车键，则自动显示为"$h(x)=|f(x)|$"，同时在"绘图区"显示该函数的图象，如图 3-2-7 所示。所得函数的图象保留了 x 轴上方的图象，并把原来 x 轴下方的图象关于 x 轴对称上去。

在"代数区"输入"$f(-x)$"，并按下回车键，则自动显示为"$p(x)=f(-x)$"，同时在"绘图区"显示该函数的图象，如图 3-2-8 所示。所得函数的图象与原来函

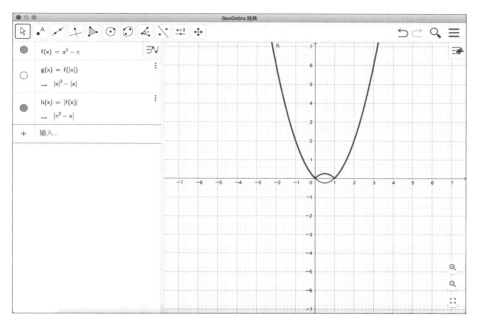

图 3-2-7

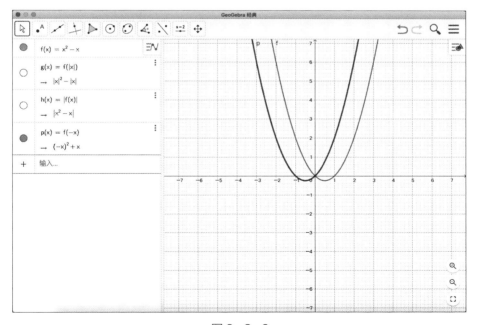

图 3-2-8

数的图象关于 y 轴对称。

在"代数区"输入"$-f(x)$",并按下回车键,则自动显示为"$q(x)=-f(x)$",同时在"绘图区"显示该函数的图象,如图 3-2-9 所示。所得函数的图象与原来函数的图象关于 x 轴对称。

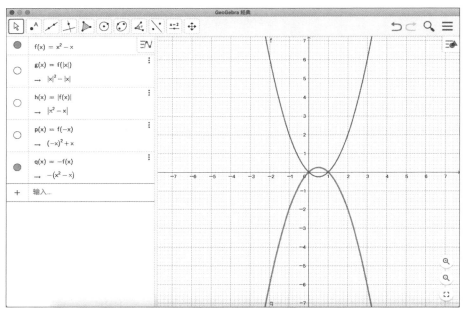

图 3-2-9

在"代数区"输入 "$-f(-x)$",并按下回车键,则自动显示为"$r(x)=-f(-x)$",同时在"绘图区"显示该函数的图象,如图 3-2-10 所示。所得函数的图象与原来函数的图象关于原点对称。

利用 GeoGebra 对函数的图象变换进行直观研究之后,教师再辅助从代数角度进行分析,将图象的变换转化为点的变换,将图象的对称转化为点的对称,利用数形结合的方法让学生理解函数图象变换与对称的本质。

三、 辅助研究函数综合问题

函数综合问题往往具有更高的综合性,对学生的逻辑推理、数学运算、直观想象,以及数形结合、分类讨论等能力的要求更高。在学习的过程中,借助信息技术可以降低理解的难度,帮助学生建立对相关思考方法的认知与理解。

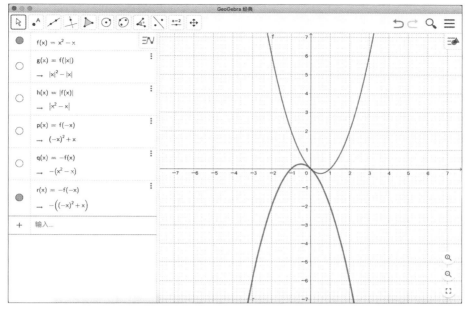

图 3-2-10

分段函数由于自身"分段"的特点,在研究相关问题过程中,不可避免地要进行分类讨论。GeoGebra 可以非常方便地画出分段函数的图象,并可以直观地显示函数图象随参数变化而变化的情形。

例 2 (2016 北京理 14)设函数 $f(x) = \begin{cases} x^3 - 3x, & x \leqslant a, \\ -2x, & x > a. \end{cases}$

① 若 $a = 0$,则 $f(x)$ 的最大值为 _____;

② 若 $f(x)$ 无最大值,则实数 a 的取值范围是_____。

在 GeoGebra 的"代数区"中输入"如果 ($x <= a$,$x \wedge 3 - 3x$,$-2x$)"或"if($x <= a$,$x \wedge 3 - 3x$,$-2x$)",并按下回车键,则在代数区自动显示为"$f(x) = $ 如果($x \leqslant a$,$x^3 - 3x$,$-2x$)",并在下一行显示 $\rightarrow \begin{cases} x^3 - 3x : x \leqslant 1 \\ -2x : 否则 \end{cases}$(说明:由于参数 a 的初始值为 1,所以这里解析式中显示的是"$x \leqslant 1$",当参数 a 的值变化时,它也会随之变化),同时在"绘图区"显示该函数的图象,如图 3-2-11。

第①小题只需把参数 a 的值改为 0,从图象上就可以看到 $f(x)$ 的最大值为 2;第②小题只需点击"代数区"参数 a 右侧的动画按钮 ▶,就可以直观地看到

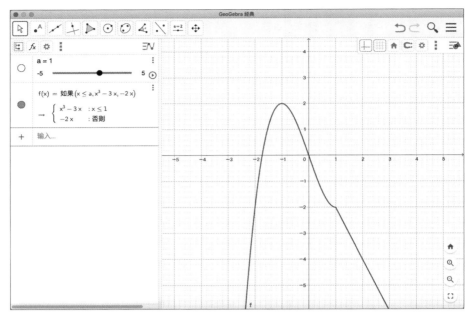

图 3-2-11

$a \in (-\infty, -1)$ 时,函数 $f(x)$ 没有最大值。

当然,在考试过程中是不可能有电脑供使用的,所以我们绝对不能只停留在直观感知的层面,一定要内化思路形成自己的数学能力:把图象直观展示出来的过程用自己的思维过程完整捋一遍,体会用分类讨论的方法研究这类问题的动态过程,相当于在头脑中播放一遍随参数 a 变化而变化的动画过程。最终使我们解决这类问题达到有信息技术和没有信息技术完全统一的境界。

例 3 已知函数 $f(x) = x\ln x$,$g(x) = ax - 1$,其中 $a \in \mathbf{R}$。若对任意 $x \in (0, +\infty)$,都有 $f(x) \geqslant g(x)$ 恒成立,求实数 a 的取值范围。

这是导数学习过程中常见的一种题型——恒/能成立问题,常常转化为最值问题求解,或利用数形结合获取思路。涉及的常用方法包括:构造函数、分类讨论、分离变量、数形结合。

在 GeoGebra 中画出函数 $f(x)$ 和 $g(x)$ 的图象,如图 3-2-12 所示。

从图 3-2-12 可以看出,"任意 $x \in (0, +\infty)$,都有 $f(x) \geqslant g(x)$ 恒成立"意思是指:在区间 $(0, +\infty)$ 上,函数 $f(x)$ 的图象恒在函数 $g(x)$ 的图象的上方。所以只需找到直线 $g(x)$ 与曲线 $f(x)$ 相切这一临界位置 a 的取值即可。大

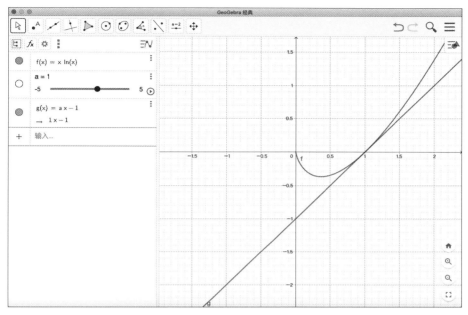

图 3-2-12

致求解过程如下：

设切点为 $(x_0, x_0 \ln x_0)$，则由切线斜率可得：

$$a = \ln x_0 + 1 = \frac{x_0 \ln x_0 + 1}{x_0},$$

故 $x_0 = 1$，$a = 1$。

所以 $a \leqslant 1$，即 $a \in (-\infty, 1]$。

这一过程虽然直观、形象，但它只能帮助我们理解题意，获取解题思路，而不能作为规范的解答过程。

解答这道题的思路有很多，基本上都需要构造函数，采取分离参数或分类讨论的方法进行。例如，令 $h(x) = x \ln x - ax + 1$，则原命题等价于"对任意 $x \in (0, +\infty)$，都有 $h(x) \geqslant 0$ 恒成立"，也等价于"当 $x \in (0, +\infty)$ 时，$h(x)_{\min} \geqslant 0$"。在 GeoGebra 中画出函数 $h(x)$ 的图象，如图 3-2-13 所示。

从图 3-2-13 可知，函数 $h(x)$ 的最小值点也是它的极小值点，因此我们求出它的极小值，并让极小值大于等于零即可。于是容易完成解答过程：

对 $h(x)$ 求导，得 $h'(x) = \ln x + 1 - a$，令 $h'(x) = 0$，得 $x = e^{a-1}$，将 x、$h'(x)$、

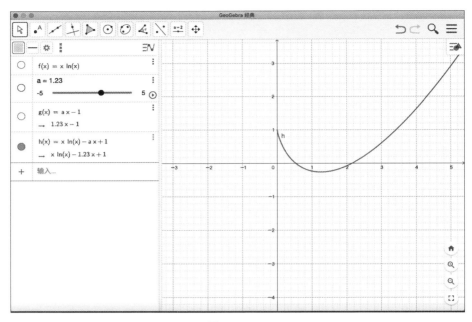

图 3-2-13

$h(x)$ 的变化情况列表如下：

x	$(0, \mathrm{e}^{a-1})$	e^{a-1}	$(\mathrm{e}^{a-1},\ +\infty)$
$h'(x)$	$-$	0	$+$
$h(x)$	$\searrow$	极小值	$\nearrow$

故 $h(x)_{\min}=h(\mathrm{e}^{a-1})=-\mathrm{e}^{a-1}+1\geqslant 0$，所以 $a\leqslant 1$，即 $a\in(-\infty,1]$。

从图象的直观我们可以看到，$a=1$ 的情形是一个临界位置：当 $a<1$ 时，都符合题意；当 $a>1$ 时，就不一定成立。换句话说，应该能找到反例。由此，我们结合放缩法可以得到另一种思路：

① 当 $a\leqslant 1$ 时，$f(x)-g(x)=x\ln x-ax+1\geqslant x\ln x-x+1$。

令 $u(x)=x\ln x-x+1$，$x\in(0,+\infty)$，则 $u'(x)=\ln x$。

所以，当 $x\in(0,1)$ 时，$u'(x)<0$，$u(x)$ 单调递减；

当 $x\in(1,+\infty)$ 时，$u'(x)>0$，$u(x)$ 单调递增；

因此，$u(x)_{\min}=u(1)=0$。

所以，当 $a \leqslant 1$ 时，$f(x) - g(x) \geqslant x\ln x - x + 1 \geqslant 0$ 恒成立。

② 当 $a > 1$ 时，注意到 $f(1) - g(1) = -a + 1 < 0$，所以不合题意。

综上可知：$a \leqslant 1$，即 $a \in (-\infty, 1]$。

我们再来研究这个问题的一个变式：已知函数 $f(x) = x\ln x$，$g(x) = ax - 1$，其中 $a \in \mathbf{R}$。若对任意 $x_2 \in [1, 2]$，总存在唯一的 $x_1 \in (0, 2]$，使得 $f(x_1) = g(x_2)$ 成立，求实数 a 的取值范围。

记函数 $f(x)$ 在 $(0, 2]$ 上的值域为 M，函数 $g(x)$ 在 $[1, 2]$ 上的值域为 N。若去掉问题中的"唯一"二字，则命题可转化为"$M \supseteq N$"；若加上"唯一"二字，则命题可转化为"$M \supseteq N$ 且函数 $f(x)$ 在值域为 N 的对应自变量的范围内是单调的"。

先求函数 $f(x)$ 的值域 M：

因为 $f'(x) = \ln x + 1$，$x \in (0, 2]$，

所以当 $x \in (0, e^{-1})$ 时，$f'(x) < 0$，$f(x)$ 单调递减；

当 $x \in (e^{-1}, 2]$ 时，$f'(x) > 0$，$f(x)$ 单调递增；

从而 $f(x)_{\min} = f(e^{-1}) = -e^{-1}$。

因为当 $x \in (0, 1)$ 时，$f(x) < 0$；且 $f(2) = 2\ln 2$，

所以当 $x \in (0, 2]$ 时，$f(x) \in (-e^{-1}, 2\ln 2]$。

再研究函数 $g(x)$ 的值域 N 及其与 M 的关系：

① 当 $a \leqslant 0$ 时，$N = [2a - 1, a - 1]$ 或 $N = \{-1\}$，均有 $g(x) \leqslant a - 1 \leqslant -1 < -e^{-1}$，不合题意；

② 当 $a > 0$ 时，$N = [a - 1, 2a - 1]$。此时，要满足"函数 $f(x)$ 在值域为 N 的对应自变量的范围内是单调的"，需要证明当 $x \in (0, e^{-1})$ 时，$f(x) \in (-e^{-1}, 0)$。这是该思路的难点！难就难在如何说明当 $x \to 0_+$ 时，$f(x) \to 0_-$。由于高中阶段没有学习函数极限，所以我们只能找一个函数来进行"夹逼"，即找一个函数 $p(x)$，使得当 $x \in (0, e^{-1})$ 时，$p(x) \leqslant f(x)$，且当 $x \to 0_+$ 时，$p(x)$ 可以无限接近 0。此时再结合图象的直观（如图 $3-2-14$）和我们学过的基本初等函数，容易想到 $p(x) = -\sqrt{x}$。接下来证明 $p(x) \leqslant f(x)$ 即可，可以进一步转化为证明 $\ln x \geqslant -\dfrac{1}{\sqrt{x}}$ 即可。

除此之外，信息技术在函数教学中的应用还包括作业与考试。利用信息技术

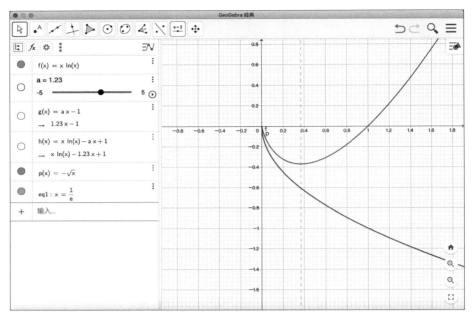

图 3-2-14

（如 UMU）建立自己的函数题库（如图 3-2-15），每学完一个知识点后，就进行相

图 3-2-15

应的测试和总结,发现学生对某一知识掌握不牢固时,教师就可以利用信息平台第一时间进行讲解。同时,教师要对题库进行定期更新。这种信息技术与数学教学融合的做法在其他章节与知识之中同样适用。

很多信息技术平台还有"错题本"的功能。UMU 的"个人中心"里面有一个"我的考题本",包括"易错题目"和"已收藏题目"两个部分。"易错题目"可以在学生参与考试小节后,将答错的题目展示在这里。学生也可以在查看考试的正确答案时,手动添加需要再次练习的题目。学生在答对考题本中的"易错题目"之后,会将题目移入"已收藏题目"列表,方便学生再次查看。

第三节　信息技术在方程中的应用

函数与方程紧密相关,函数的零点对应于方程的根,即函数图象与 x 轴的交点的横坐标对应于方程的根。但方程也有不同于函数的地方,比如没有图象变换、没有参数对图象的影响。当然,中学阶段只研究一元函数,而方程却不只是研究单变量方程。因此,利用信息技术研究方程的解与研究函数零点有一定的联系,但二者也有很多不同之处。

一、 求方程与方程组的解

对于一元一次方程、一元二次方程、二元一次方程组、三元一次方程组,以及部分二元二次方程组,我们可以用数学方法人工求解。但对于高次方程、部分多元高次方程组、不定方程、超越方程,我们一般不能人工求解,只能利用二分法估计、求解方程的近似解,但信息技术能帮助我们快速求出方程的近似解,就像利用计算器或计算机软件进行代数运算一样,输入算式可立即直接算出结果。在学生掌握好算法的基础上,借助计算器或计算机进行方程的求解可以减少人工繁杂甚至是无法完成的计算工作。

例 1　求方程 $x^3-3x^2+3=0$ 的根。(精确到 0.01)

方法 1　利用 GeoGebra 求解。在代数区输入"solve($x \wedge 3-3x \wedge 2+3=0$)"

或"精确解($x^3-3x^2+3=0$)",并按下回车键,则在下一行显示"$\rightarrow \{x=-0.88,\ x=1.35,\ x=2.53\}$",如图3-3-1。这就是该三次方程解集中的三个近似解。

图3-3-1

方法2 利用 Excel 求解。利用 Excel 工具栏中"数据"—"模拟分析"中的"单变量求解"或者利用菜单"工具"中的"单变量求解"可以实现逆向运算功能,借助这一功能可以求解一元方程的一个近似解。具体操作步骤为:

在 B1 单元格输入"=A1^3-3*A1^2+3",接着选择菜单"工具"—"单变量求解"或选择工具栏"数据"—"模拟分析"—"单变量求解",在图3-3-2所示的对话框的"目标值"栏填0,"可变单元格"栏填 A1 或用鼠标选择 A1 单元格,单击"确定"。此时,将得到一个消息框如图3-3-3。当求得一个解时,答案会显示在指定的可变单元格 A1 中。

值得注意的是,用 Excel 求高次方程的近似解,只能得到近似解,而且只能得到一个近似解,这也是单变量求解功能的不足。

图3-3-2

图3-3-3

例2 求方程组 $\begin{cases} x+2y-2=0, \\ 2^x-y+1=0 \end{cases}$ 的解集。

利用 GeoGebra 求解。在代数区输入 "solve($\{x+2y-2=0,\ 2$^$x-y+1=$

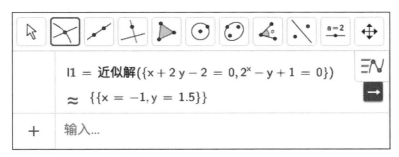

0}）”或“近似解（{$x + 2y - 2 = 0$, $2^\wedge x - y + 1 = 0$}）”，并按下回车键，则在下一行显示“$\approx$ {{$x = -1$, $y = 1.5$}}”，如图 3-3-4。这就是该方程组的解集。

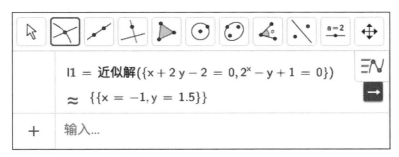

图 3-3-4

补充说明一点，在代数区右端还有一个按钮 ，点击后表示取方程组的精确解，并切换为另一个按钮 $\approx$ ；再点击按钮 $\approx$ ，表示取方程组的近似解，并切换为按钮 。若将例 2 中的第二个方程改为 $e^x - y + 1 = 0$，并取近似解，则显示为“$\approx$ {{$x = -0.85$, $y = 1.43$}}”，如图 3-3-5；若点击按钮 取精确解，则显示“$\to$ {}”，如图 3-3-6，表示方程组的精确解为空集。

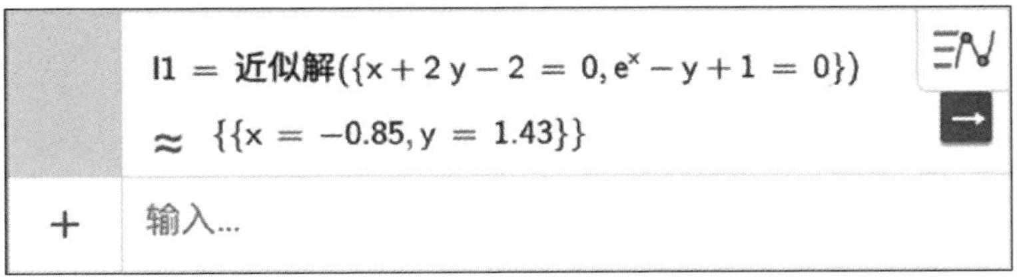

I1 = 近似解（{x + 2 y - 2 = 0, e^x - y + 1 = 0}）

$\approx$ {{x = -0.85, y = 1.43}}

输入...

图 3-3-5

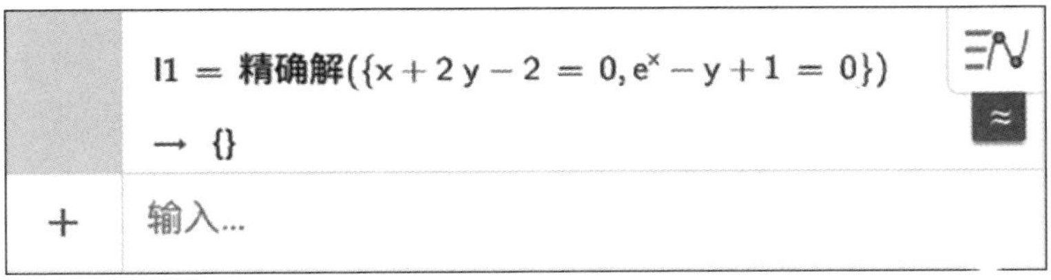

I1 = 精确解（{x + 2 y - 2 = 0, e^x - y + 1 = 0}）

$\to$ {}

输入...

图 3-3-6

二、 研究函数零点与函数图象的交点坐标

函数零点与方程的根、函数图象的交点可以进行相互转化。对一些运用高中知识和方法无法求解的方程的根、函数的零点、图象的交点坐标，我们可以利用信息技术求出其近似解，帮助我们理解题意与解题思路。

例 3 若 x_1、x_2 分别是函数 $f(x)=x-2^{-x}$、$g(x)=x\log_2 x-1$ 的零点，则下列结论成立的是（ ）。

A. $x_1=x_2$　　　　B. $x_1>x_2$　　　　C. $x_1+x_2=1$　　　D. $x_1x_2=1$

本题对高中生而言是一道难题，难点之一在于两个函数的零点均不能求出，难点之二在于如何进行命题转化，如何利用数形结合和互为反函数的两个函数图象的性质研究问题。我们先给出一个大致解答过程：

如图 $3-3-7$，x_1 可以看成是函数 $y=2^x$ 和函数 $y=\dfrac{1}{x}$ 的图象的交点 A 的横坐标，x_2 可以看成是函数 $y=\log_2 x$ 和函数 $y=\dfrac{1}{x}$ 的图象的交点 B 的横坐标。显然，$0<x_1<1<x_2$，选项 A、B、C 均不正确；由于互为反函数的两个函数的图象关于直线 $y=x$ 对称，知点 A 和点 B 关于直线 $y=x$ 对称，所以 $k_{AB}=\dfrac{\dfrac{1}{x_2}-\dfrac{1}{x_1}}{x_2-x_1}=-1$，于是可得 $x_1x_2=1$，因此正确选项为 D。

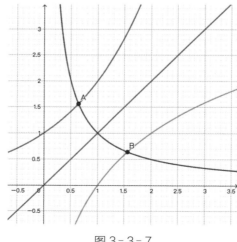

图 $3-3-7$

如果利用信息技术求出点 A 和点 B 的横坐标的近似值分别为 0.64 和 1.56（如图 $3-3-8$），我们便可以很容易判断正确选项为 D。我们还可以进一步发现：点 A 与点 B 关于直线 $y=x$ 对称，因此，它们的横、纵坐标恰好互换，即点 A 的坐标为 (x_1, x_2)，又点 A 在 $y=\dfrac{1}{x}$ 的图象上，所以 $x_1x_2=1$，这样也可以确定正确选项为 D。

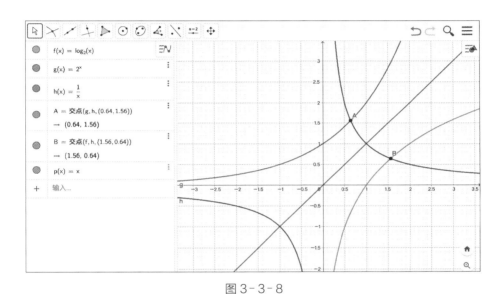

图 3-3-8

三、 利用信息的计算功能辅助二分法求方程的近似根

用二分法求方程的近似根的难点在于计算，这可以借助计算机辅助完成。我们可以借助计算器完成，也可以借助 Excel 或 GeoGebra 或其他软件辅助完成。

例4 用二分法求方程 $x^3-3x^2+2x+1=0$ 在 $(-1, 0)$ 内的近似解。（精确到 0.001）

令 $f(x)=x^3-3x^2+2x+1$，下面我们先用 Excel 进行迭代计算：

Step1：在第一行单元格 A1 至 E1 分别输入"区间左端点 a""区间右端点 b""区间中点 $\dfrac{a+b}{2}$"，"$f\left(\dfrac{a+b}{2}\right)$"和"区间长度 $b-a$"；

Step2：在 A2 和 B2 分别输入初始区间端点值 -1 和 0；

Step3：在 C2 输入"＝(A2＋B2)/2"，并按下回车，即求区间中点值；

Step4：在 D2 输入"＝C2＾3－3＊C2＾2＋2＊C2＋1"，并按下回车，即求中点函数值；

Step5：在 E2 输入"＝B2－A2"，并按下回车，即求出区间长度，用来观察误差范围；

Step6：在 A3 输入"＝IF(D2＜0，C2，A2)"，并按下回车，在 B3 输入"＝IF(D2＜0，B2，C2)"，并按下回车，即根据上一步计算的"区间中点$\dfrac{a+b}{2}$"值和"$f\left(\dfrac{a+b}{2}\right)$"的值重新确定区间的左端点 a 和区间的右端点 b 的值；

Step7：先选中 C2:E2，拖住右下角的填充柄往下拉；再选中 A3:B3，拖住右下角的填充柄往下拉，结果如图 3-3-9 所示。图中 C2～C16 中的值均可作为用二分法求得的方程的近似解，按题目要求精确到 0.001，作 11 次迭代计算就有比较高的精确度了。

	A	B	C	D	E
1	区间左端点a	区间左端点b	区间中点(a+b)/2	f((a+b)/2)	区间长度b-a
2	-1	0	-0.5	-0.875	1
3	-0.5	0	-0.25	0.296875	0.5
4	-0.5	-0.25	-0.375	-0.224609	0.25
5	-0.375	-0.25	-0.3125	0.0515137	0.125
6	-0.375	-0.3125	-0.34375	-0.082611	0.0625
7	-0.34375	-0.3125	-0.328125	-0.014576	0.03125
8	-0.328125	-0.3125	-0.3203125	0.0187106	0.015625
9	-0.328125	-0.3203125	-0.32421875	0.0021279	0.0078125
10	-0.328125	-0.32421875	-0.326171875	-0.006209	0.00390625
11	-0.326171875	-0.32421875	-0.325195313	-0.002037	0.001953125
12	-0.325195313	-0.32421875	-0.324707031	4.659E-05	0.000976563
13	-0.325195313	-0.324707031	-0.324951172	-0.000995	0.000488281
14	-0.324951172	-0.324707031	-0.324829102	-0.000474	0.000244141
15	-0.324829102	-0.324707031	-0.324768066	-0.000214	0.00012207
16	-0.324768066	-0.324707031	-0.324737549	-8.36E-05	6.10352E-05

图 3-3-9

我们再利用 GeoGebra 来实现二分法的求解过程：

Step1：打开"设置"菜单设置精确度，保留 10 位小数；

Step2：在"代数区"输入函数 $f(x)=x^3-3x^2+2x+1$；

Step3：打开"表格区"，在 A1 输入(−1，0)，在 A2 输入(0，0)，即输入初始区间的两个端点 A 和 B；

Step4：在"表格区"的 A3 输入"(如果 $[f(x(A1))f((x(A1)+x(A2))/2)<0$，$x(A1)$，$(x(A1)+x(A2))/2]$，0)"，即确定新区间的两个端点；在 A4 输入"abs$(A2-A3)$"，即确定区间长度以确定精确度；

Step5：选中 A3:B3，然后拖动右下角的填充柄往下拉至 B16，下拉的格数越多，精确度越高，如图 3 - 3 - 10，其中 A16 中的 −0.324 707 031 3 即可作为方程 $x^3-3x^2+2x+1=0$ 的近似解。

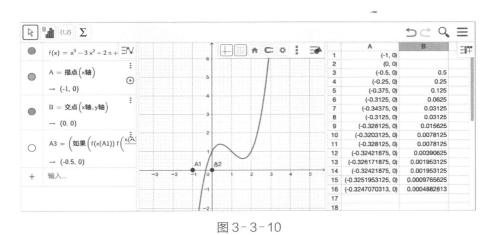

图 3 - 3 - 10

第四节　信息技术在不等式中的应用

在数量关系中，不等关系相比相等关系更普遍，因此不等式相比方程更普遍。相等关系可以看作是不等关系的分界点，临界位置可以看作是对不等关系进行放缩的依据。不等式包括代数不等式、几何不等式、三角不等式、绝对值不等式等，研究不等式比研究等式更有意义。

一、直观显示不等式表示的区域

不等式对应的方程表示的曲线实际上是不等式表示的区域的分界线，例如，

直线 $x+2y-1=0$ 就是不等式 $x+2y-1>0$ 和 $x+2y-1<0$ 表示的区域的分界线；曲线 $2^x-y+1=0$ 表示不等式 $2^x-y+1>0$ 和 $2^x-y+1<0$ 表示的区域的分界线；曲线 $y=\sin x$ 表示不等式 $y>\sin x$ 和 $y<\sin x$ 表示的区域的分界线。

在 GeoGebra 的代数区分别输入不等式 $x+2y-1>0$，$2^x-y+1>0$，$y>\sin x$，就得到不等式组 $\begin{cases} x+2y-1>0, \\ 2^x-y+1>0, \\ y>\sin x \end{cases}$ 表示的区域，如图 3-4-1 所示。图中的三条边界线均为虚线，表示区域不包含边界线。

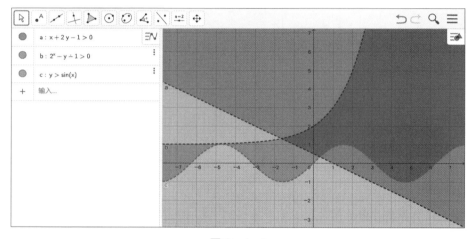

图 3-4-1

一元不等式表示的区域也可以直观地表示出来，一般情况下 $x>a$ 表示直线 $x=a$ 右侧的整个平面区域，如果在不等式的属性"设置"对话框中的"样式"页面中选中"显示在 x 轴上"，则 $x>a$ 表示在数轴（x 轴）上点 a 右侧的实数。例如，在代数区输入 $|x-1|>2$ 或 $\mathrm{abs}(x-1)>2$，则上述两种显示方式显示的结果分别如图 3-4-2 和图 3-4-3 所示。

二、 线性规划问题求解

线性规划（linear programming，简称 LP），是运筹学中研究线性约束条件下线性目标函数的极值问题的数学理论和方法，是为合理利用有限的人力、物力、财

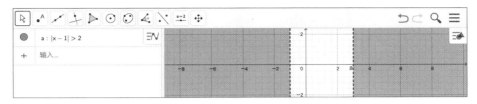

图 3-4-2

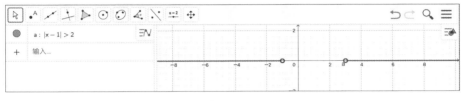

图 3-4-3

力等资源作出最优决策提供科学的依据。

　　线性规划问题可以借助 GeoGebra 或 Excel 进行求解，也可以借助一些相关专门软件进行求解。

　　例1　已知 x、y 满足 $\begin{cases} x+y-1 \geqslant 0, \\ 2x+y-4 \leqslant 0, \\ x-y \geqslant 0, \end{cases}$ 求 $z=2x-y$ 的最值。

　　借助 GeoGebra 进行求解，可以先在"代数区"分别输入每一个不等式，画出每个不等式表示的平面区域，从而确定不等式组表示的平面区域；然后在"代数区"输入 $2x-y=m$，结果出现一个关于参数 m 的滑动条，把参数 m 的范围改为 -5 至 10，如图 3-4-4，则参数 m 的值即为目标函数 $z=2x-y$ 的值。

　　点击参数 m 的滑动条右侧的播放按钮 ⏵，即可看到随着参数 m 的变化，直线 $2x-y=m$ 与可行域的相对位置关系的变化。当直线 $2x-y=m$ 经过可行域三角形最左边的顶点时，m 取得最小值 $\frac{1}{2}$，此时最优解为 $\left(\frac{1}{2},\frac{1}{2}\right)$；当直线 $2x-y=m$ 经过可行域三角形最右边的顶点时，m 取得最大值 8，此时最优解为 $(3,-2)$。

　　借助 Excel 求解线性规划问题，不同版本的 Excel 的操作方法略有不同。Windows 版本的 Excel 有的是从"工具"菜单中单击"加载宏"；有的是单击"Microsoft Office 按钮"，然后单击"Excel 选项"，再单击"加载项"，然后在"管理"

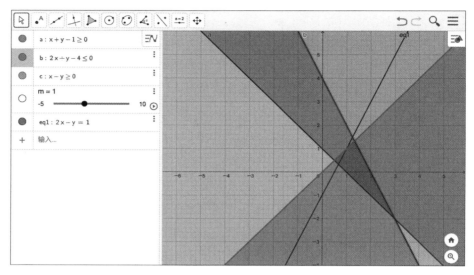

图 3 - 4 - 4

框中,选择"Excel 加载宏",单击"转到",在"可用加载宏"框中,选中"规划求解加载项"复选框,然后单击"确定"。加载宏的界面如图 3 - 4 - 5 所示,加载规划求解加载宏后,"规划求解"命令将出现在"数据"选项卡的"分析"组中。

图 3 - 4 - 5

图 3 - 4 - 6

Mac 版本的 Excel 从"工具"菜单点击"Excel 加载项",再勾选"SolverAdd-In"(如图 3 - 4 - 6),单击"确定"按钮,则"工具"菜单中就会出现"规划求解"菜单项,在"数据"选项卡中会出现一个"规划求解"的按钮。

下面介绍利用 Excel 求解线性规划问题的主要步骤:

Step1：在 Excel 中输入相关数据，其中 B1 单元格输入"＝2＊B3—B4"，表示目标函数的值，B3 和 B4 单元格分别表示变量 x 和 y 的可变单元格；A6 单元格输入"＝B3＋B4—1"，A7 单元格输入"＝2＊B3＋B4—4"，A8 单元格输入"＝B3—B4"，在 B6、B7、B8 单元格均输入 0。结果显示如图 3－4－7。

	A	B
1	目标函数	0
2	变量	值
3	x	
4	y	
5	约束条件	约束值
6	0	0
7	0	0
8	0	0

图 3-4-7

Step2：选中 B2 单元格，点击"工具"菜单或"数据"选项卡中的"规划求解"，弹出"规划求解参数"的设置界面，依次完成界面的参数设置：

（1）设置目标"B1"到"最大"选项；

（2）通过更改可变单元格"B3：B4"；

（3）通过"添加"按钮添加遵守约束，在图 3－4－8 中，点击单元格引用"A6"，在下拉框中选择"＞＝"，点击约束"B6"，点击"确定"按钮，完成约束条件"$x＋y－1\geqslant0$"的添加，同样完成约束条件"$2x＋y－4\leqslant0$"和"$x－y\geqslant0$"的添加；

图 3-4-8

（4）去掉勾选项"使无约束变量为非负数"；

（5）选择求解方法为"单纯线性规划"；

（6）点击"选项"按钮，在弹出的界面中依次设置"所有方法"选项卡如图 3－4－9 所示。

完成参数设置的界面如图 3－4－10 所示。

Step3：点击图 3－4－10 中的"求解"按钮，在弹出的"规划求解结果"界面中可以选择"保留规划求解的解"和勾选"制作报告大纲"，并选择需要制作的报告，如图 3－4－11 所示。点击"确定"按钮，在 Excel 的工作表中会自动添加三个表

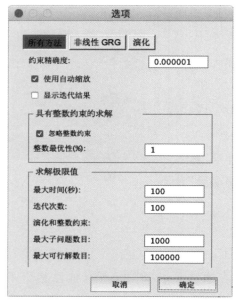

图 3-4-9

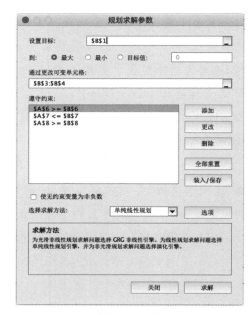

图 3-4-10

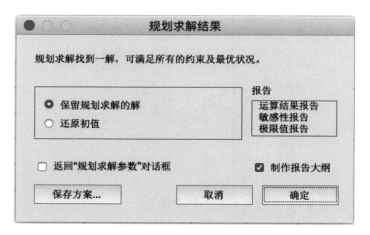

图 3-4-11

单,分别是"运算结果报告 1"(如图 3-4-12)、"敏感性报告 1"(如图 3-4-13)和"极限值报告 1"(如图 3-4-14)。

同样地,在图 3-4-10 中设置目标"B1"到"最小"选项,则可以求解目标函数的最小值及相应的最优解。

设置目标函数及约束条件还可以利用函数"= SUMPRODUCT(array1,

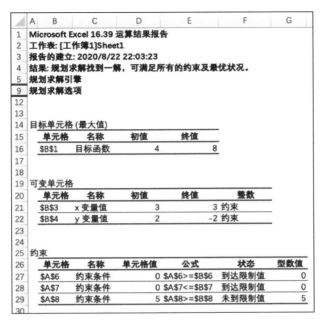

图 3-4-12

<table>
<thead>
<tr><th colspan="8">Microsoft Excel 16.39 敏感性报告</th></tr>
</thead>
</table>

图 3-4-13

[array2],[array3],...)"来实现。这里,函数 SUMPRODUCT 返回对应的区域或数组的乘积之和。

如图 3-4-15,在 Excel 中设置目标函数和约束条件:首先随便选择若干个单元格(如图中 D2:G3 区域)输入目标函数及约束条件中 x 与 y 的系数;然后在

	A	B	C	D	E	F	G	H	I	J
1	Microsoft Excel 16.39 极限值报告									
2	工作表: [工作簿1]Sheet1									
3	报告的建立: 2020/8/22 22:03:25									
4										
5										
6			目标式							
7		单元格	名称	值						
8		B1	目标函	8						
9										
10										
11			变量			下限	目标式		上限	目标式
12		单元格	名称	值		极限	结果		极限	结果
13		B3	x 变量	3		0	85		250	18835
14		B4	y 变量	-2		0	110		398.5	20035

图 3-4-14

B1 单元格中输入“＝SUMPRODUCT(D2:D3, B3:B4)”,表示这个单元格中的值为目标函数 $z=2x-y$ 的值;在 A6 单元格中输入“＝SUMPRODUCT(E2: E3, B3:B4)”, 表示这个单元格中的值为 $x+y$ 的值; 在 A7 单元格中输入“＝SUMPRODUCT(F2:F3, B3:B4)”,表示这个单元格中的值为 $2x+y$ 的值;在 A8 单元格中输入“＝SUMPRODUCT(G2:G3, B3:B4)”,表示这个单元格中的值为 $x-y$ 的值;在 B6、B7、B8 这三个单元格中分别输入约束值 1、4、0。后面的操作与前面的操作方法相同。

	A	B	C	D	E	F	G
1	目标函数	8		系数			
2	变量	值		2	1	2	1
3	x	3		-1	1	1	-1
4	y	-2					
5	约束条件	约束值					
6	1	1					
7	4	4					
8	5	0					

图 3-4-15

三、　估计不等关系

在研究不等式时常常可以借助信息技术进行验证，通过验证发现不等式成立，我们便可以尝试给出不等式的证明。

例 2　《算术—几何均值不等式的一个美妙隔离》的研究过程。

这篇文章发表于《中学数学研究（华南师范大学版）》2016 年 13 期，其研究源起于指导一位教师做海淀区研究课"均值不等式"中的如何引入均值的概念。

二元算术均值 $\dfrac{a+b}{2}$ $(a、b \in \mathbf{R}^+)$ 可以看成与边长分别为 a、b 的长方形等周长的正方形的边长，二元几何均值 $\sqrt{ab}$ $(a、b \in \mathbf{R}^+)$ 则可以看成与边长分别为 a、b 的长方形等面积的正方形的边长。

三元算术均值 $\dfrac{a+b+c}{3}$ $(a、b、c \in \mathbf{R}^+)$ 可以看成与棱长分别为 a、b、c 的长方体等周长（指所有棱长之和相等）的正方体的棱长，三元几何均值 $\sqrt[3]{abc}$ $(a、b、c \in \mathbf{R}^+)$ 则可以看成与棱长分别为 a、b、c 的长方体等体积的正方体的棱长。那么，与棱长分别为 a、b、c 的长方体等表面积的正方体的棱长 $\sqrt{\dfrac{ab+bc+ac}{3}}$ 与 $\dfrac{a+b+c}{3}$ 和 $\sqrt[3]{abc}$ 有何关系呢？一般地，n 元的情形呢？

我们首先借助信息技术进行了验证，然后再给出数学证明，最后推广到 n 元的情形并完成证明。下面，介绍利用几何画板进行验证的步骤：

Step1：打开"数据"菜单中的"新建参数"菜单，分别建立参数 a、b、c。点击参数右键，在右键菜单中选择"属性"，分别设置参数 a、b、c 的"参数"属性，将范围设置为 0 到 100，改变以"0.1 单位"，如图 3－4－16；

Step2：打开"数据"菜单中的"计算"菜单，分别计算 $\dfrac{a+b+c}{3}$、$\sqrt{\dfrac{ab+bc+ac}{3}}$、$\sqrt[3]{abc}$ 的值，然后计算 $\dfrac{a+b+c}{3}$ 与 $\sqrt{\dfrac{ab+bc+ac}{3}}$ 的比值，以及 $\sqrt{\dfrac{ab+bc+ac}{3}}$ 与 $\sqrt[3]{abc}$ 的比值；

Step3：分别点击参数 a、b、c，打开右键菜单，选择"生成参数的动画"，此时，参数 a、b、c 在 0 到 100 的范围内各自独立地发生变化。观察两个比值，发现这

图 3-4-16

两个比值一直都是大于等于 1 的,如图 3-4-17 所示。

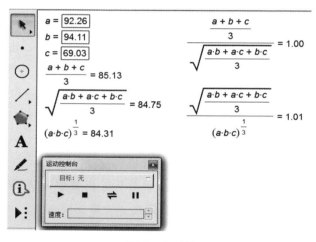

图 3-4-17

对于不等式的验证,还可以借助 Excel 进行简单计算:

Step1:在 Excel 的 A1 单元格中输入"随机数 abc",在 A2、A3、A4 单元格中分别均输入"=RANDBETWEEN(0,100)",产生三个 0 到 100 之间的随机数;

Step2:在 B1 单元格中输入"三个均值",在 B2 单元格中输入"=(A2+A3+A4)/3",在 B3 单元格中输入"=SQRT((A2 * A3+A2 * A4+A3 * A4)/3)",在 B4 单元格中输入"=(A2 * A3 * A4)^(1/3)";

Step3:在 C1 单元格中输入"比值",在 C2 单元格中输入"=B2/B3",在 C3 单元格中输入"=B3/B4",结果如图 3-4-18 所示。

	A	B	C
1	随机数abc	三个均值	比值
2	72	39.333333	1.1487756
3	5	34.239354	1.3958222
4	41	24.529882	

图 3-4-18

在该表单中的任意一个其他单元格内输入一个数字,并按回车,就可以看到图 3-4-18 中所有的值都会发生一次改变。我们观察 C2 和 C3 两个单元格中的比值变化,看是否大于等于 1 即可。

对于几何不等式的验证,几何画板更能表现出强大的功能,既方便又直观。

例3 验证艾尔多斯—莫迪尔(Erdos—Mordell)不等式:

在 $\triangle ABC$ 内部任取点 P,d_A、d_B、d_C 分别表示由点 P 到顶点 A、B、C 之间的距离,d_a、d_b、d_c 分别表示由点 P 到边 BC、CA、AB 的距离,则 $d_A + d_B + d_C \geq 2(d_a + d_b + d_c)$。

Step1:打开几何画板,选择“线段直尺工具”,画出 $\triangle ABC$;选择“点工具”,在 $\triangle ABC$ 内任作一点 P;选择“线段直尺工具”,连结 PA、PB、PC;

Step2:依次选择点 P,线段 AB、BC、CA,打开“构造”菜单中的“垂线”菜单,作出点 P 到 $\triangle ABC$ 三边的垂线;选择“点工具”,依次标出三个垂足;选择“线段直尺工具”,连结点 P 与三个垂足的线段;选择开始构造的三条垂线(已自动变为虚线),按“Ctrl+H”或打开“显示”菜单中的“隐藏对象”菜单,将这三条垂线隐藏,最后图形如图 3-4-19 所示;

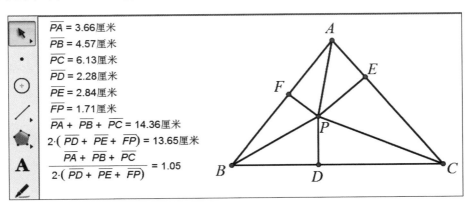

图 3-4-19

Step3：依次选择线段 PA、PB、PC、PD、PE、PF，打开"度量"菜单中的"长度"菜单，度量这六条线段的长度；打开"数据"菜单中的"计算"菜单，分别计算"$PA+PB+PC$"和"$2(PD+PE+PF)$"的值，并计算这两个数值的比值，如图 3-4-19 所示。

在 $\triangle ABC$ 内任意拖动点 P，观察比值的变化，看是否总是大于等于 1。

第五节　信息技术在数列中的应用

数列是一类特殊的函数，其特殊性主要体现在它的离散性。研究数列的变化规律，常常需要研究相邻项之间的关系与数列的递推关系。研究数列的单调性与研究函数的单调性不完全一样，不能用导数作为工具来进行研究。

信息技术可以帮助我们根据递推关系快速地进行迭代计算，列出数列的若干项，方便我们观察和研究其变化规律。

例　在数列 $\{a_n\}$ 中，已知 $a_1=a_2=1$，$a_n+a_{n+1}=a_{n+2}$，求 a_{20}。

我们可以利用几何画板的"变换"菜单中的"迭代"功能快速完成求解过程。

Step1：打开几何画板的"数据"菜单中的"新建参数"菜单，建立参数 a_1 和 a_2，初始值均为 1；打开"数据"菜单中的"计算"菜单，计算 a_1+a_2 的值；

Step2：选中参数 a_1 和 a_2，打开"变换"菜单中的"迭代"菜单，依次点击参数 a_2 和 a_1+a_2，结果如图 3-5-1 所示；可以在"显示"下拉框中增加或减少迭代次数；点击"迭代"按钮，得到结果如图 3-5-2 所示。

在图 3-5-2 中，选中表格点击右键，选择"属性"菜单，在表格属性中设置迭代次数为 17（如图 3-5-3），点击"确定"按钮，就可以得到一个新的表格，表格中 $n=17$ 时的数值为 6765，即 $a_{20}=6765$。要注意的是，迭代次数为 0 时的值相当于数列的第 3 项，所以迭代次数为 17 时的值相当于数列的第 20 项。

用 Excel 完成数列的自动填充比几何画板更方便。如图 3-5-4，在 A1 单元格中输入 1，在 A2 单元格中也输入 1，在 A3 单元格中输入"＝A1＋A2"，选中 A3 单元格，向下拉动右下角的句柄，则 Excel 自动填充拉动单位格的值，需要多少项，

图 3-5-1

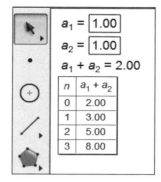

图 3-5-2

图 3-5-3

	A	B
1	1	
2	1	
3	2	
4	3	
5	5	
6	8	
7	13	
8	21	
9	34	
10	55	

图 3-5-4

拉动多少格即可。

如果要填充一个等差数列或等比数列,则只需要在 A1 单元格中输入一个初始值，在 A2 单元格中输入等差或等比的递推关系式（如"＝A1＋3"，"＝2＊A1"等），然后拖动 A2 单元格右下角的句柄即可产生一个等差或等比数列。

在 GeoGebra 中实现上述功能也非常方便，只需一个命令即可。如图 3-5-5，在代数区输入"迭代列表 $(a+b, a, b, \{1, 1\}, 10)$"，即可得到斐波那契数列的前 11 项。其一般语法是"迭代列表(〈表达式〉,〈变量〉,〈起始值〉,〈迭代次数〉)"，这里"$a+b$"为表达式，变量为 a 和 b，起始值有两个，迭代次数为 10。将迭代次数改为 19 即可得到数列的前 20 项。

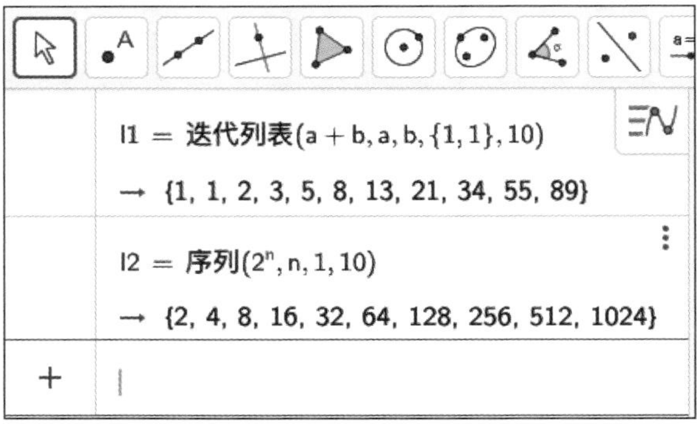

图 3-5-5

如果要得到一个等比数列则更方便，在代数区输入"序列 $(2^\wedge n, n, 1, 10)$"即可得到一个首项为 1、公比为 2、项数为 10 的等比数列。其一般语法是"序列(〈表达式〉,〈变量〉,〈起始值〉,〈终止值〉)"。

除了几何画板、Excel、GeoGebra 之外，还有很多数学软件或信息技术设备都可用于探究数列的变化规律，如 Mathematica、Math-CAD、玲珑画板、图形计算器，等等。有兴趣的读者可以自行研究。

第六节　信息技术在向量与复数中的应用

向量与复数都是数形结合的典型范例，所以向量与复数的几何意义常常被用来理解题意、获取解题思路，直观解答数学问题。向量的几何意义常常用来理解数量积的运算,复数的几何意义常常用来理解复数与复平面内点的对应关系,或理解与复数模有关的数学问题。

向量和复数也是解决平面几何的重要代数方法,所以向量和复数常常用来解决平面几何中的旋转问题,借助信息技术直观理解平面几何中的旋转问题,从而理解几何问题的直观形象,理解解题思路与方法。

下面我们通过几道简单例题作一些说明。

例 1　已知点 P 是边长为 1 的正 $\triangle ABC$ 的边 BC 上一动点,点 Q 是边 AC 的中点,求 $\overrightarrow{AP} \cdot \overrightarrow{BQ}$ 的取值范围。

本题利用向量数量积的几何意义可以这样理解:过点 P 作 $PR \perp BQ$ 于点 R,则 $\overrightarrow{AP}$ 在 $\overrightarrow{BQ}$ 方向上的投影为 $\overrightarrow{QR}$,所以 $\overrightarrow{AP} \cdot \overrightarrow{BQ}$ 的几何意义是 $\overrightarrow{BQ}$ 的模与 $\overrightarrow{AP}$ 在 $\overrightarrow{BQ}$ 方向上的投影的数量之积,即 $-|\overrightarrow{BQ}| \cdot |\overrightarrow{QR}|$。因为 $|\overrightarrow{BQ}| = \frac{\sqrt{3}}{2}$, $0 \leqslant |\overrightarrow{QR}| \leqslant \frac{\sqrt{3}}{2}$,所以 $0 \leqslant |\overrightarrow{BQ}| \cdot |\overrightarrow{QR}| \leqslant \frac{3}{4}$,故 $\overrightarrow{AP} \cdot \overrightarrow{BQ}$ 的取值范围是 $\left[-\frac{3}{4}, 0\right]$。

本题可以借助 GeoGebra 的动画演示,帮助我们直观理解 $\overrightarrow{AP} \cdot \overrightarrow{BQ}$ 的动态变化过程(如图 3-6-1):

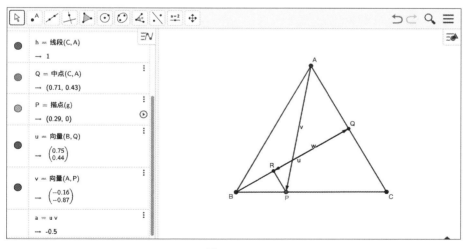

图 3-6-1

Step1:画线段 AB,让点 B 绕点 A 作逆时针旋转 $60°$ 至点 B'(如图 3-6-2),将点 B' 的标签修改为点 C,连结 BC、AC。取 AC 边的中点 Q,在 BC 上任取一点

P，作向量 $\overrightarrow{AP}$ 和 $\overrightarrow{BQ}$，作 $PR\perp BQ$ 于点 R，作向量 $\overrightarrow{QR}$；

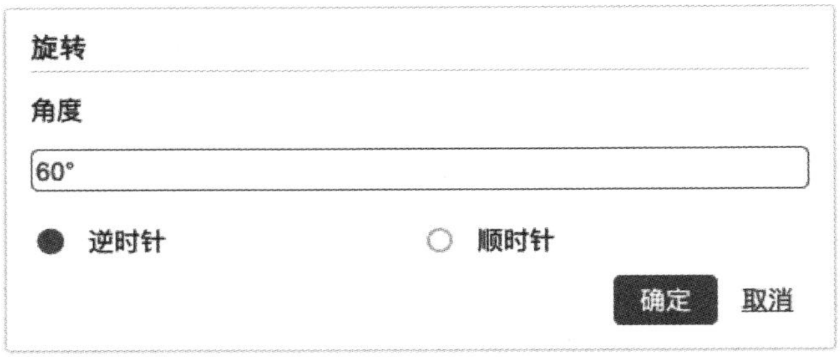

图 3-6-2

Step2：在"代数区"输入"$u*v$"并按下回车，即计算 $\overrightarrow{AP}\cdot\overrightarrow{BQ}$，并在点 P 的设置中将"代数区"选项卡中的"重复"设置为"⇔ 双向"（如图 3-6-3），让点 P 的动画沿着线段 BQ 双向进行；

图 3-6-3

Step3：点击"代数区"点 P 右侧的播放按钮 ⏵，观察 $\overrightarrow{QR}$ 的变化情况，以及 a 的值（即 $u*v$）的变化情况。我们发现，当点 P 从点 C 移动到点 B 的过程中，a 的值由 0 逐渐变化到 -0.75，即 $\overrightarrow{AP}\cdot\overrightarrow{BQ}$ 的取值范围是 $[-0.75，0]$。

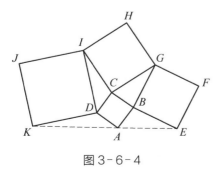

图 3-6-4

例 2 如图 3-6-4，四方形 $ABCD$、$BEFG$、$CGHI$、$DIJK$ 均为正方形。求证：

K、A、E 三点共线的充要条件是 $GC=2BC$。

这是一道纯几何题，用几何法比较困难。本题可以借助向量与复数进行证明，思路大概是这样：K、A、E 三点共线 $\Leftrightarrow \overrightarrow{AK} \ // \ \overrightarrow{AE} \Leftrightarrow \overrightarrow{AK} \perp \overrightarrow{AE} \cdot \mathrm{i} \Leftrightarrow \overrightarrow{AK} \cdot (\overrightarrow{AE} \cdot \mathrm{i})=0$。又因为 $\overrightarrow{AK}=\overrightarrow{AD}+\overrightarrow{DK}=\overrightarrow{DI} \cdot \mathrm{i}+\overrightarrow{DC} \cdot \mathrm{i}=(\overrightarrow{DC}+\overrightarrow{CI}) \cdot \mathrm{i}+\overrightarrow{DC} \cdot \mathrm{i}=2\overrightarrow{DC} \cdot \mathrm{i}+\overrightarrow{GC}=2\overrightarrow{BC}+\overrightarrow{GC}$，$\overrightarrow{AE} \cdot \mathrm{i}=(\overrightarrow{AB}+\overrightarrow{BE}) \cdot \mathrm{i}=\overrightarrow{AD}+\overrightarrow{BG}=\overrightarrow{BC}+\overrightarrow{BC}+\overrightarrow{CG}=2\overrightarrow{BC}-\overrightarrow{GC}$，所以 $\overrightarrow{AK} \cdot (\overrightarrow{AE} \cdot \mathrm{i})=2|\overrightarrow{BC}|^{2}-|\overrightarrow{GC}|^{2}$，故 K、A、E 三点共线 $\Leftrightarrow GC=2BC$。

我们可以借助信息技术进行实验与验证，首先作图（以 GeoGebra 为例）：

Step1：作线段 AB，将点 B 绕点 A 逆时针旋转 $90°$，得点 D；将点 A 绕点 D 逆时针旋转 $90°$，得点 C；连结 AD、DC、CB，得正方形 $ABCD$；

Step2：作线段 BE，仿照 Step1 中的步骤作正方形 $BEFG$；连结 GC，作正方形 $CGHI$；连结 DI，作正方形 $DIJK$；

Step3：利用"距离/长度"菜单度量 GC 和 BC 的长；作向量 $\overrightarrow{AK}$ 和 $\overrightarrow{AE}$；

Step4：拖动点 E，观察 GC 和 BC 的长度变化，当 $GC=2BC$ 时，观察向量 $\overrightarrow{AK}$ 和 $\overrightarrow{AE}$ 的坐标，看它们是否平行。要注意的是，由于 GeoGebra 软件有一定的精确度，所以得到的"距离/长度"及向量的坐标均为近似值。

当然，我们也可以用几何画板、玲珑画板等软件进行实验与验证，不再赘述。

第七节　信息技术在三角中的应用

三角主要包括三角函数和解三角形。三角函数是描述周期现象的重要数学模型，是高中函数知识的重要组成部分，在数学和其他领域中具有非常重要的作用。通过三角函数的学习，可以更好地理解周期函数。解三角形属于平面几何问题，但需要用到三角相关的知识进行求解，是正余弦定理的直接应用。在三角的教学中，信息技术也有着十分重要的作用。

一、探索函数性质

周期性是三角函数的一个最基本特征，此外，三角函数还满足对称性。借助信息技术,可以直观展现三角函数的周期性与对称性,以及其他一些相关性质。

例 1 研究函数 $f(x)=\sin 2x+\sin 3x$ 的性质。

函数 $f(x)$ 的定义域显然是 **R**,但它的值域是什么?它的最小正周期是多少?它是否有对称轴和对称中心?它的单调区间有哪些?它的零点和极值点有哪些?等等。要直接说出函数 $f(x)$ 的这些性质似乎并不太容易。如果我们借助信息技术,先画出函数的图象,从图象的直观上我们可以读出很多性质。

函数 $f(x)$ 的图象如图 3-7-1 所示,从图象可知,函数 $f(x)$ 的最小正周期为 2π,值域大概在区间 $(-2,2)$ 内;在区间 $[0,2\pi]$ 内,有 7 个零点,有 3 个对称中心,没有对称轴;极值点和单调区间不易读出来。借助信息技术的直观,我们已大致对函数 $f(x)$ 的图象的变化趋势有了一个大概的认识。

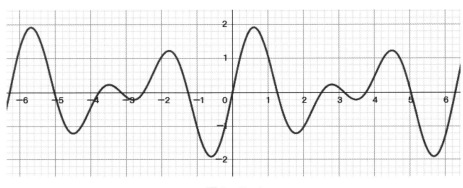

图 3-7-1

在此基础上,我们可以进一步从代数的角度研究函数 $f(x)=\sin 2x+\sin 3x$ 的某一些性质。例如,我们仅以研究函数 $f(x)$ 的零点为例:

先把函数进行变形:

$$f(x)=\sin 2x+\sin 3x$$
$$=2\sin x\cos x+3\sin x-4\sin^3 x$$
$$=\sin x(4\cos^2 x+2\cos x-1)。$$

令 $f(x)=0$,得 $\sin x=0$ 或 $\cos x=\dfrac{-1\pm\sqrt{5}}{4}$。

因此,$x=k\pi(k\in \mathbf{Z})$ 或 $x=\pm\dfrac{2\pi}{5}+2k\pi$ 或 $x=\pm\dfrac{4\pi}{5}+2k\pi(k\in \mathbf{Z})$。

我们也可以这样解答：

令 $f(x)=0$，得 $\sin 2x=\sin(-3x)$。

所以，$2x=-3x+2k\pi$ 或 $2x=\pi-(-3x)+2k\pi(k\in\mathbf{Z})$。

因此，$x=\dfrac{2k\pi}{5}$ 或 $x=\pi+2k\pi(k\in\mathbf{Z})$。这与前面的答案是一样的。

我们还可以利用和差化积：

$$f(x)=\sin 2x+\sin 3x$$
$$=2\sin\frac{5x}{2}\cos\frac{x}{2},$$

令 $f(x)=0$，得 $\sin\dfrac{5x}{2}=0$ 或 $\cos\dfrac{x}{2}=0$。

所以，$\dfrac{5x}{2}=k\pi$ 或 $\dfrac{x}{2}=\dfrac{\pi}{2}+k\pi(k\in\mathbf{Z})$，

即 $x=\dfrac{2k\pi}{5}$ 或 $x=\pi+2k\pi(k\in\mathbf{Z})$。

我们也可以看到，函数 $f(x)$ 在区间 $[0,2\pi]$ 内零点为：0，$\dfrac{2\pi}{5}$，$\dfrac{4\pi}{5}$，π，$\dfrac{6\pi}{5}$，$\dfrac{8\pi}{5}$，2π，共 7 个零点，与前面从图象直观观察的结果一致。

二、 研究图象变换

三角函数的性质研究常常与图象变换结合起来。我们可以手工绘制函数的图象继而研究问题，也可以利用信息技术辅助画图。信息技术图象更准确、清晰，数据较全面，更有利于我们分析问题。

例 2 将函数 $y=\sin\left(2x+\dfrac{\pi}{6}\right)$ 的图象向右平移 $m(m>0)$ 个单位长度，得到的图象对应的函数 $y=f(x)$ 在区间 $\left[-\dfrac{\pi}{12},\dfrac{5\pi}{12}\right]$ 上单调递减，则 m 的最小值为（ ）。

A. $\dfrac{\pi}{4}$ B. $\dfrac{\pi}{3}$ C. $\dfrac{\pi}{2}$ D. $\dfrac{3\pi}{4}$

利用信息技术画出函数 $f(x)=\sin\left(2(x-m)+\dfrac{\pi}{6}\right)$ 的图象,如图 3-7-2 所示。其中参数 m 的范围设置为 $0\sim5$,并画出两条直线 $x=-\dfrac{\pi}{12}$ 和 $x=\dfrac{5\pi}{12}$,点击参数 m 的动画按钮,可以直观地看到,当 m 从 0 增大到大约 2.37 时,函数 $y=f(x)$ 在区间 $\left[-\dfrac{\pi}{12},\dfrac{5\pi}{12}\right]$ 上单调递减,也就是说,m 的最小值大约为 2.37。故本题选 D。

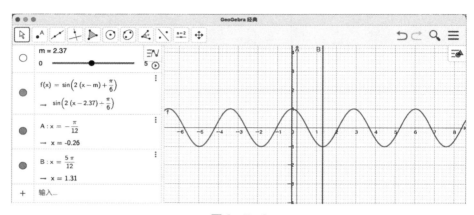

图 3-7-2

在信息技术直观演示的基础上,我们可以给出本题的大致解答:

令 $2(x-m)+\dfrac{\pi}{6}\in\left[\dfrac{\pi}{2}+2k\pi,\dfrac{3\pi}{2}+2k\pi\right](k\in\mathbf{Z})$,

得:$x\in\left[m+\dfrac{\pi}{6}+k\pi,m+\dfrac{2\pi}{3}+k\pi\right](k\in\mathbf{Z})$。

要使函数 $y=f(x)$ 在区间 $\left[-\dfrac{\pi}{12},\dfrac{5\pi}{12}\right]$ 上单调递减,且正数 m 最小,需满足 $k=-1$,且 $m+\dfrac{\pi}{6}+k\pi=-\dfrac{\pi}{12}$,故 $m=\dfrac{3\pi}{4}$。

如果我们注意到区间 $\left[-\dfrac{\pi}{12},\dfrac{5\pi}{12}\right]$ 的长度为 $\dfrac{\pi}{2}$,恰好为半个周期长,也就是说区间 $\left[-\dfrac{\pi}{12},\dfrac{5\pi}{12}\right]$ 恰好是函数 $f(x)$ 的一个单调递减区间,所以 $f\left(-\dfrac{\pi}{12}\right)=1$,即 $\sin\left(2\left(-\dfrac{\pi}{12}-m\right)+\dfrac{\pi}{6}\right)=1$,因此有 $2\left(-\dfrac{\pi}{12}-m\right)+\dfrac{\pi}{6}=\dfrac{\pi}{2}+2k\pi(k\in\mathbf{Z})$,所以

$m=-\dfrac{\pi}{4}-k\pi(k\in\mathbf{Z})$，所以当 $k=-1$ 时，正数 m 取得最小值 $\dfrac{3\pi}{4}$。

三、分析增根现象

增根问题在三角恒等变换与解三角形中是一个难点，如何防止出现增根，可能出现增根的情况下如何舍去增根，如何找到产生增根的原因，这些问题需要结合具体的实例让学生明白其中的道理。如果借助信息技术，可能更容易明白增根产生的原因，从而找到舍去增根的方法或者找到规避增根的解题路线。

例3 在 $\triangle ABC$ 中，$\angle A=60°$，$c=\dfrac{3}{7}a$。

（Ⅰ）求 $\sin C$ 的值；

（Ⅱ）若 $a=7$，求 $\triangle ABC$ 的面积。

我们先看看下面的解法：

因为 $a=7$，所以 $c=3$，结合（Ⅰ）知，$\cos C=\dfrac{13}{14}$。

由 $c^2=a^2+b^2-2ab\cos C$，得 $9=b^2+49-2\times7\times b\times\dfrac{13}{14}$，即 $b^2-13b+40=0$，

所以 $b=8$ 或 $b=5$。

所以 $S=\dfrac{1}{2}ab\sin C=\dfrac{1}{2}\times7\times8\times\dfrac{3\sqrt{3}}{14}=6\sqrt{3}$，

或 $S=\dfrac{1}{2}ab\sin C=\dfrac{1}{2}\times7\times5\times\dfrac{3\sqrt{3}}{14}=\dfrac{15\sqrt{3}}{4}$。

这里出现了两解，都符合题意吗？还是需要舍去一解呢？我们可以从作图中发现端倪：

在解答过程中，我们利用的条件是 $\angle C$ 的余弦，相当于先固定 $\angle C$，然后截取 $CB=7$，再以点 B 为圆心、3 为半径画弧，此时可能会与射线 CA 有两个交点（如图 3-7-3），对应 b 的值为 8 或 5。那么，究竟如何取舍呢？

这里，若 $b=5$，则 a 边最大，因为 $A=60°$，所以 $A+B+C<180°$，故应舍去。

那么，接下来我们会思考：怎样能避开增根的产生呢？我们再

图 3-7-3

看下面两种解法：

解法1： 因为 $a=7$，所以 $c=3$，

由 $a^2=b^2+c^2-2bc\cos A$ 得 $49=b^2+9-2b\times3\times\dfrac{1}{2}$，即 $b^2-3b-40=0$，

所以 $b=8$ 或 $b=-5$（舍），

所以 $S=\dfrac{1}{2}ab\sin C=\dfrac{1}{2}\times7\times8\times\dfrac{3\sqrt{3}}{14}=6\sqrt{3}$（或 $S=\dfrac{1}{2}cb\sin A=\dfrac{1}{2}\times3\times8\times\dfrac{\sqrt{3}}{2}=6\sqrt{3}$ ）。

解法2： 若 $a=7$，则 $c=3$，且 $\angle C$ 为锐角，

因为 $\sin C=\dfrac{3\sqrt{3}}{14}$，所以 $\cos C=\dfrac{13}{14}$。

在 $\triangle ABC$ 中，

$\sin B=\sin(A+C)=\sin A\cos C+\cos A\sin C=\dfrac{\sqrt{3}}{2}\times\dfrac{13}{14}+\dfrac{1}{2}\times\dfrac{3\sqrt{3}}{14}=\dfrac{4\sqrt{3}}{7}$，

所以 $S=\dfrac{1}{2}ac\sin B=\dfrac{1}{2}\times7\times3\times\dfrac{4\sqrt{3}}{7}=6\sqrt{3}$。

上面两种解法，在用余弦定理时选用 $\cos A$，或者用 $S=\dfrac{1}{2}ac\sin B$，结果就不会出现增根。

为什么选用 $\cos C$ 会出现增根，而选用 $\cos A$ 则不会出现增根呢？我们再从作图的角度来认识一下：

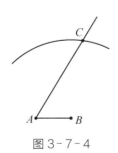

图 3-7-4

如图 3-7-4，先确定 $\angle A$，然后截取 $AB=3$，再以点 B 为圆心、7 为半径画弧，与射线 AC 只有一个交点，另一个交点应该在 CA 的反向延长线上，对应 b 的值是 -5，比较容易舍去。

那么，如果不作图应该如何识别几解的情况呢？其实，在图 3-7-3 中，$a\sin C<c<a$，故有两解，在图 3-7-4 中，$a>c$，故只有一解。这是帮助我们识别可能产生增根的代数方法。

第四章　信息技术在几何教学中的应用

第一节　信息技术在平面几何中的应用

信息技术在平面几何中的应用包括作图、度量、变换等多个方面，能够给教学提供形象直观的效果，让学生对几何图形及图形变换有较强的直观感知，从而较好地理解几何图形包括的位置关系和数量关系，为几何计算与几何证明提供思维基础，有利于学生获得解题思路，有利于教师在教学中激发学生的学习兴趣，突破几何教学的难点。

一、信息技术在平面几何作图中的应用

几何画板或 GeoGebra 在几何作图方面有着准确性等特点，这赢得了广大数学工作者的喜爱。

几何画板还有很多小工具（如图 4-1-1），包括线工具、角工具、三角形、四边形、正多边形、圆工具、新新坐标系、迷你坐标系、经典坐标系、函数工具、箭头工具、圆锥曲线、立几平台、立体几何、曲线工具、其他工具、页面模版等 18 类工具，甚至还可以创建新工具。这对我们画数学图形提供了很大的方便，其中平面几何图形包括角、三角形、四边形、正多边形、圆等，还可以利用线工具快捷方便地标注线段（如图 4-1-2）。

GeoGebra 也可以画出各种各样的平面几何图形，而且很好地实现了代数与几何相结合的目的。在代数区输入点、线、多边形等命令，即可在绘图区画出图形；利用工具栏中的绘图工具在绘图区绘制一个图形，即可在代数区显示其代数表示。例如，选择正多边形工具，先画出两点 A 和 B，然后在弹出的对话框中输入正多边形的边数"6"（如图 4-1-3），点击确定即可画出一个正六边形，代数区中也将显示出相应的代数形式，结果如图 4-1-4 所示。

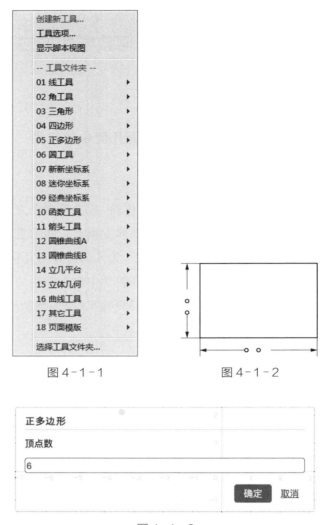

图 4-1-1   图 4-1-2

图 4-1-3

结合几何画板和 GeoGebra 便可轻松画出日常教学所需的平面几何图形了。在教学过程中,除了这种方法之外,我们也可以利用某些平台的绘图功能绘制教学所需的平面图形,例如线上教学可以利用 ClassIn 软件中的简单绘图工具,画出直线、椭圆、圆(先按住 Shift 键)、矩形等基本的平面图形,如图 4-1-5 所示;线下教学也有很多电子黑板可以直接利用自带的绘图功能画出直线、椭圆、圆等基本的平面几何图形,例如希沃(seewo)教学一体机中的 EasiNote 就可以利用绘图工具画出一些基本的平面几何图形。

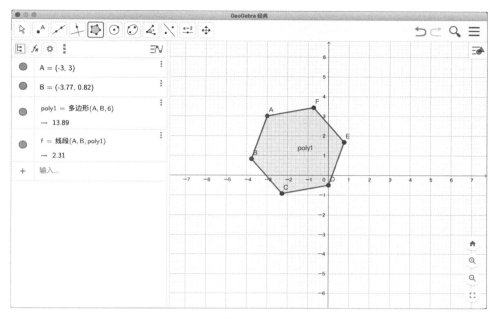

图 4-1-4

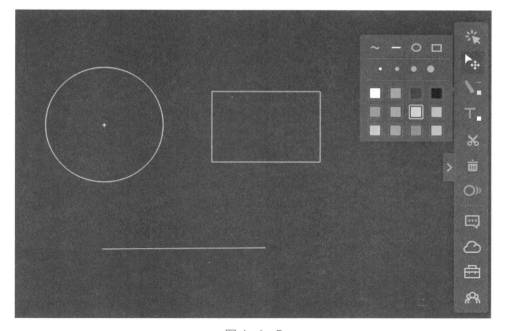

图 4-1-5

二、 信息技术在平面几何度量中的应用

几何画板和 GeoGebra 在平面几何的度量中也有着非常强大的功能。例如，在几何画板中先利用线段工具画一个三角形 ABC，依次选中点 A 和点 B，再利用"度量"菜单中的"距离"工具即可度量出点 A 与点 B 之间的距离，也可以选中线段 AB，再利用"度量"菜单中的"长度"工具度量出线段 AB 的长；依次选中点 B、C、A，再利用"度量"菜单中的"角度"工具可以度量出 $\angle BCA$ 的大小（如图 $4-1-6$）。

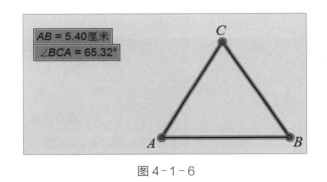

图 4-1-6　　　　　　　　　　　图 4-1-7

几何画板的"度量"菜单（如图 $4-1-7$）中还有很多度量工具，例如周长、圆周长、面积、弧度角、弧长、半径、比、点的值、坐标、斜率、方程等。如图 $4-1-8$ 所示，先利用作图工具画一个多边形 $DEFGH$，再利用"度量"菜单中的"周长""面积"工具即可度量多边形 $DEFGH$ 的周长与面积；依次选中点 A、B、C，选择"构造"菜单中的"过三点的弧"画出弧 ABC，选中这一段弧，利用"度量"菜单中的"弧度角"和"弧长"就可以度量这段弧的弧度角与弧长；选中线段 AB、AC，利用"度量"菜单中的"比"即可求出这两条线段的长度之比；选中点 A 和线段 BC，利用"度量"菜单中的"距离"工具就可以求出点 A 到直线 BC 的距离；在线段 AB 上取一点 N，

选中点 N,利用"度量"菜单中的"点的值"工具即可度量点 N 在线段 AB 上的位置;等等。

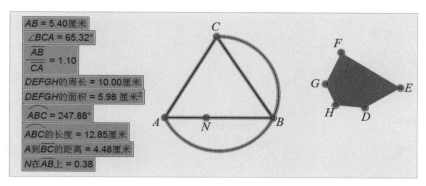

图 4-1-8

利用 GeoGebra 也可以很方便地实现许多度量功能,如图 4-1-9,利用工具栏中的度量工具,可以度量角度、距离/长度、面积、斜率等。例如,先画一个三角形 ABC,选择度量工具栏中的"距离/长度"工具,再依次选中点 A 和点 B,即可度量线段 AB 的长度;选择度量工具栏中的"角度"工具,再依次选中点 A、C、B(注意选取点的次序),即可度量 $\angle ACB$ 的大小;再利用多边形工具画一个多边形 $DEFGH$,选择度量工具栏中的"面积"工具,再选中多边形 $DEFGH$,即可度量该多边形的面积,结果如图 4-1-10 所示。

三、 信息技术在平面几何图形变换中的应用

平面几何图形变换包括轴对称变换、中心对称变换、旋转变换、平移变换、位似变换、反演变换、迭代变换等。利用黑板和粉笔作出一个图形的任何一种变换图形都比较费时费力,而且不够准确。利用几何画板、GeoGebra 等软件可以轻松画出各种变换图形,为教学带来了极大的方便。下面分别介绍一下利用几何画板和 GeoGebra 如何作平面几何图形的常见变换:

几何画板中的平移变换有三种方式:极坐标、直角坐标和标记。具体的作法是:先作一个三角形 ABC,选择三角形 ABC,再选择"变换"菜单中的"平移"菜单,在弹出的界面中有三种平移变换的方式供选择:极坐标、直角坐标和标记。极坐标可以设置平移的距离和角度(如图 4-1-11),直角坐标可以设置水平方向和

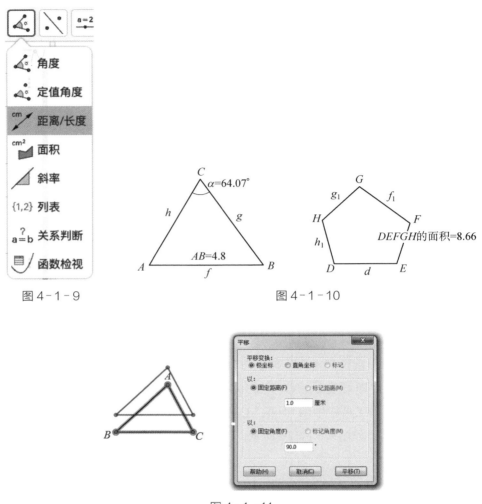

图 4-1-9   图 4-1-10

图 4-1-11

垂直方向的平移距离(如图 4-1-12),标记则可以事先标记向量,再按标记向量进行平移(如图 4-1-13),依次选中点 D、点 E,再选择"变换"菜单中的"标记向量"菜单,然后选中三角形 ABC,再选择"变换"菜单中的"平移"菜单按"标记"向量进行平移。

几何画板中的旋转变换有两种方式:固定角度和标记角度。具体作法是:先作一个三角形 ABC,双击点 C(或选择"变换"菜单中的"标记中心"菜单)把点 C 标记为旋转中心,再选择"变换"菜单中的"旋转"菜单,在弹出的界面中有两个旋转参数设置:固定角度和标记角度。选择"固定角度"即可在输入框中输入旋转角

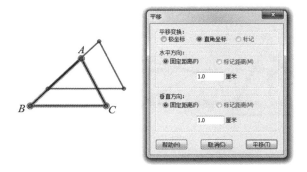

图 4-1-12

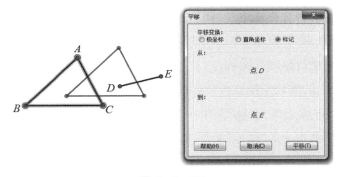

图 4-1-13

度,正角表示逆时针旋转,负角表示顺时针旋转,如图 4-1-14 所示。如果要按照标记角度进行旋转,则需要事先标记角度,如图 4-1-15 所示,先作一个角∠EDF,顺次选择点 E、D、F,选择"变换"菜单中的"标记角度"菜单,将∠EDF

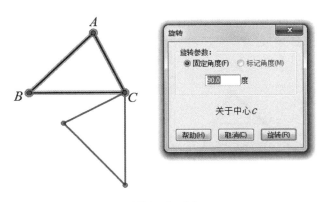

图 4-1-14

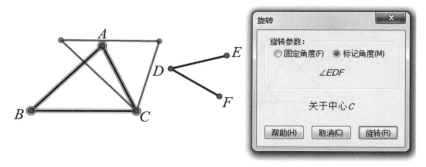

图 4-1-15

标记为旋转角度,再选择三角形 ABC,选择"变换"菜单中的旋转,在弹出的界面中把旋转参数设置为"标记角度",点击"旋转"按钮即可将三角形 ABC 绕着点 C 按 $\angle EDF$ 的大小进行逆时针旋转。

几何画板中的缩放变换有两种:固定比和标记比。具体作法如下:作三角形 ABC,双击点 A(或选择"变换"菜单中的"标记中心"菜单)把点 C 标记为缩放中心,选择"变换"菜单中的"缩放"菜单,在弹出的界面中有两个缩放参数设置:固定比和标记比。如图 4-1-16,选择"固定比",即可在输入框中输入比值,点击"缩放"按钮即可将三角形 ABC 关于中点 A 按固定比进行缩放。如果要按标记比进行缩放,则需要事先标记比:作一条线段 DE,在线段 DE 上取一点 G,依次选择点 D、E、G(注意:选择字母的顺序会改变比值的大小),选择"变换"菜单中的"标记比"菜单,将线段 DG 与 DE 的长度之比标记为缩放比例,再选择三角形 ABC,选择"变换"菜单中的"缩放"菜单,这时在弹出的界面中可以将缩放参数设置为"标记比",如图 4-1-17 所示,点击"缩放"按钮即可将三角形 ABC 关于中心 A 按照

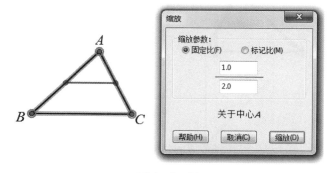

图 4-1-16

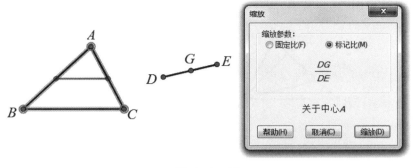

图 4 - 1 - 17

标记比进行缩放。

　　在几何画板中反射变换就是将图形按照给定的直线进行对称变换。具体作法是：先双击线段 AC（或选择线段 AC，再选择"变换"菜单中的"标记镜面"菜单），将直线 AC 标记为反射镜面，然后选择三角形 ABC，再选择"变换"菜单中的"反射"变换菜单，即可得到三角形 ABC 关于直线 AC 对称的图形，如图 4 - 1 - 18 所示。

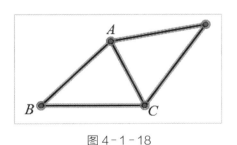

图 4 - 1 - 18

　　在几何画板中还可以作迭代变换。具体作法是：先作一个三角形 ABC，在 AB 边上取一点 H，选择三角形 ABC 和点 H，选择"变换"菜单中的"迭代"菜单，在弹出的界面中会显示"原象"与"初象"之间的对应关系，直接点击图中的点即可完成设置，如图 4 - 1 - 19 所示，让原象 A、B、C 分别对应到初象 H、A、C，在"显示"按钮中还可以设置迭代次数，结构中也可作一些迭代的变换设置，点击"迭代"按钮即可在 AB 边上作出两个迭代后的点，与点 C 构成不同的三角形，所得到的两个迭代后的点均按线段 BH 与线段 AH 的比进行。

　　几何画板中还可以创建自定义变换，读者朋友可以自行尝试。

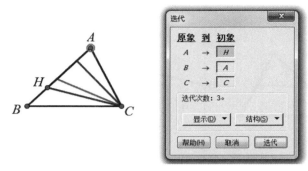

图 4 - 1 - 19

在 GeoGebra 中也可方便快捷地完成几何图形的诸多变换。先利用工具栏中的多边形工具作一个三角形 ABC。选择工具栏中的"轴对称"变换,然后依次选择三角形 ABC 和对称轴 AC,即可得到三角形 ABC 关于 AC 的轴对称图形,如图 4 - 1 - 20 所示;选择工具栏中的"中心对称"变换,然后依次选择三角形 ABC 和点 C,即可得到三角形 ABC 关于点 C 的中心对称图形,如图 4 - 1 - 21 所示。

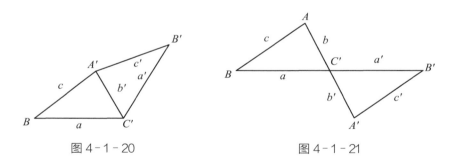

图 4 - 1 - 20   图 4 - 1 - 21

在 GeoGebra 中作旋转变换可以输入旋转角度,并设置旋转方向。同样地,先作一个三角形 ABC,然后选择工具栏中的"旋转"变换,再依次选择三角形 ABC 和旋转中心 A,这时会弹出一个对话框如图 4 - 1 - 22 所示,我们可以设置旋转的角度,并选择"逆时针"或"顺时针"方向,点击"确定"按钮即可得到三角形 ABC 按点 A 逆时针旋转 $45°$ 所得到的图形,如图 4 - 1 - 23 所示。

在 GeoGebra 中作平移变换都是按照向量进行平移,具体作法如下:先作一个三角形 ABC,再选择工具栏中的"平移"变换,然后选择三角形 ABC,再设定平移的向量 $\overrightarrow{DE}$(可以任意设定),即可得到三角形 ABC 按照向量 $\overrightarrow{DE}$ 平移所得到的

图 4-1-22　　　　　　　　　　　　图 4-1-23

图形(如图 4-1-24)。

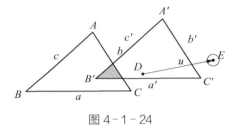

图 4-1-24

在 GeoGebra 中作位似变换是通过设定位似比来实现的,具体作法如下:先作一个三角形 ABC,再选择工具栏中的"位似"变换,然后选择三角形 ABC 和位似中心 C,即弹出设定位似比的对话框(如图 4-1-25),输入 1/2 点击确定,即可得到三角形 ABC 关于点 C、位似比为 1/2 的位似图形,如图 4-1-26 所示。

图 4-1-25　　　　　　　　　　　　图 4-1-26

在 GeoGebra 中还可以作出图形的反演变换,具体作法如下:先作一个三角形 ABC,再作一个圆 D(如图 4-1-27),选择工具栏中的"反演"变换,然后选择

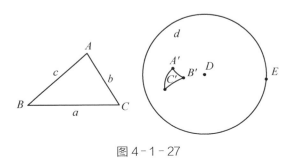

图 4-1-27

127

点 A 和圆 D，即得到顶点 A 关于圆 D 的反演点，同理可得到点 B、点 C 及三角形 ABC 关于圆 D 的反演图形。

四、 信息技术在平面几何问题解决中的应用

利用图形的变换可以直观地理解图形之间的位置关系和数量关系，帮助我们理解或获得平面几何问题的解题思路，教学时，可以借助信息技术把变换的动态过程展现出来，更有利于学生对思路的直观理解。

例 1 如图 $4-1-28$，在四边形 $ABCD$ 中，$AB=CD$，E、F 分别是 BC、AD 的中点，延长 BA、EF 相交于点 G，延长 EF、CD 相交于点 H，求证：$\angle BGE = \angle CHE$。

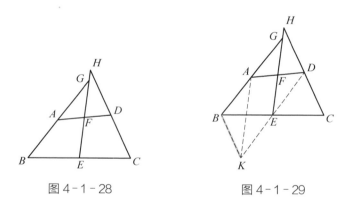

图 4-1-28　　　　　　　　图 4-1-29

在本题的已知条件中，"$AB=CD$"是一个重要的数量关系，如何将这两条线段相继转化为两个角相等是解决本题的关键。由于线段 AB 和线段 CD 并不相交，不利于转化为角相等，所以我们需要把这两条线段平移到一起，最好在一个三角形内，这样就可以利用三角形的"等边对等角"将边相等转化为角相等。

我们可以将线段 AB 平移至与线段 CD 共端点，或者将线段 CD 平移至与线段 AB 共端点，也可以将线段 AB 与线段 CD 都平移至第三处共端点，于是我们便有了如下两种思路：

思路一：如图 $4-1-29$，将线段 CD 平移至线段 BK，则四边形 $BKCD$ 是平行四边形，对角线互相平分于线段 BC 的中点 E，于是 EF 是三角形 DAK 的中位线，所以 $EF \parallel AK$，又 $CD \parallel BK$，所以 $\angle CHE = \angle BKA$；由 $EF \parallel AK$ 知，

$\angle BAK=\angle BGE$；而在三角形 BAK 中，$AB=BK=CD$，所以 $\angle BAK=\angle BKA$，因此，$\angle BGE=\angle CHE$。

思路二：如图 $4-1-30$，将线段 AB 平移至过点 F 处，将线段 CD 平移至过点 E 处，二者相交于点 M，与线段 EF 构成一个三角形 MEF；这也相当于连结线段 BD，取线段 BD 的中点 M，连结 ME、MF。此时，线段 ME、MF 分别是三角形 BCD 和三角形 DAB 的中位线，因此 $ME=MF$，所以 $\angle MFE=\angle BGE$，$\angle MEF=\angle CHE$，因此，$\angle BGE=\angle CHE$。

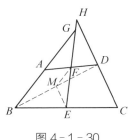

图 $4-1-30$

从上面的思路可以看到，平移可以较好地进行线段与角度的转化，把比较分散的已知条件集中到一起，更有利于等量关系的关联，从而有利于解题思路的获得。所以，平移是解决平面几何问题的一种常用变换与方法。

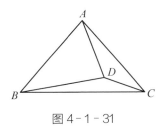

图 $4-1-31$

例2　如图 $4-1-31$，在三角形 ABC 中，$AB=AC$，$\angle BAC=80°$，点 D 是三角形 ABC 内一点，$\angle DBC=10°$，$\angle DCB=20°$，求 $\angle BAD$ 的大小。

本题中的已知量比较分散，如果作两次轴对称变换，会发现有一个巧合：第一，作线段 BC 关于直线 BD 的轴对称图形 BC'，容易计算 $\angle BDC'=\angle BDC=$ $150°$，所以 $\angle CDC'=60°$，又因为 $DC=DC'$，于是三角形 CDC' 为正三角形；第二，作线段 CD 关于直线 AC 的轴对称图形 CD'，因为 $\angle DCA=30°$，所以 $\angle D'CA=$ $30°$，于是 $\angle DCD'=60°$，又因为 $CD=CD'$，所以三角形 CDD' 为正三角形。综上可知，点 D' 与点 C' 重合。

这样我们发现，$\angle BD'C=80°=\angle BAC$，于是 A、B、C、D' 四点共圆，所以 $\angle D'AC=\angle D'BC=20°=\angle DAC$，所以，$\angle BAD=\angle BAC-\angle DAC=80°-20°=$ $60°$。

本题是利用轴对称将已知角度和未知角度联系起来的，思路较为巧妙，难度较大，但却很简便。可见，轴对称变换有时能够帮助我们看到平面几何问题中的数量关系和位置关系，从而获得解题思路。

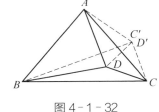

图 $4-1-32$

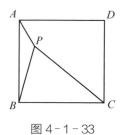

图 4-1-33

例 3 如图 $4-1-33$，点 P 是正方形 $ABCD$ 内一点，已知 $PA=1$，$PB=2$，$PC=3$，求 $\angle APB$ 的大小及正方形 $ABCD$ 的面积。

本题中已知条件是正方形及其内部三条线段的长度，可以通过旋转变换将它们相对集中起来。如图 $4-1-34$，让三角形 PAB 绕着点 B 顺时针旋转 $90°$ 至三角形 $P'CB$，连结 PP'，则 $P'C=1$，$P'B=2$，$PP'=2\sqrt{2}$，$\angle BP'P=45°$，由勾股定理的逆定理知，$\angle PP'C=90°$，所以，$\angle APB=\angle CP'B=\angle CP'P+\angle PP'B=45°+90°=135°$。

我们还发现，$\angle APB+\angle BPP'=135°+45°=180°$，即 P'、P、A 三点共线。

在直角三角形 $AP'C$ 中，$AC=\sqrt{(1+2\sqrt{2})^2+1}$，所以正方形 $ABCD$ 的面积为 $5+2\sqrt{2}$。或者在三角形 PAB 中，利用余弦定理求出正方形的边长，再求正方形的面积。

本题也可以将三角形 PBC 绕着点 B 逆时针旋转 $90°$ 进行求解。

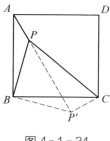

图 4-1-34

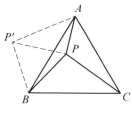

图 4-1-35

利用旋转变换解决类似的平面几何问题常常十分有效。再如，已知点 P 是正三角形 ABC 内的一点，且 $PA=3$，$PB=4$，$PC=5$，求 $\angle APB$ 的大小。

如图 $4-1-35$ 所示，将三角形 PBC 绕点 B 逆时针旋转 $60°$ 至三角形 $P'BA$，则已知的三条线段就集中到了三角形 PAP' 中，由勾股定理逆定理知，三角形 PAP' 是直角三角形，故 $\angle App'=90°$，又三角形 BPP' 是正三角形，所以 $\angle APB=150°$。同样地，本题也可以将三角形 PAB 或三角形 PAC 进行旋转变换来求解。

例4 如图 $4-1-36$,在等腰三角形 ABC 中,$AB=AC$,$AD\perp BC$ 于点 D,$DE\perp AB$ 于点 E,$DF\perp AC$ 于点 F,点 H、I 是 BC 上两点,$DJ\perp AI$ 于点 J,$DK\perp AH$ 于点 K。求证:E、K、I 三点共线当且仅当 F、J、H 三点共线。

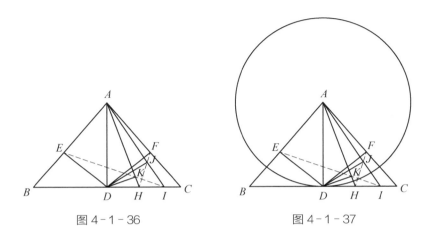

图 $4-1-36$　　　　　　　图 $4-1-37$

在本题中,由射影定理可知,$AD^2=AE\cdot AB=AK\cdot AH=AJ\cdot AI=AF\cdot AC$,所以,点 E 和点 B、点 K 和点 H、点 J 和点 I、点 F 和点 C 均与点 $A(AD)$ 成互为反演点,如图 $4-1-37$ 所示。

容易知道,点 A、E、D、K、J、F 都在以 AD 为直径的圆上,由 $AB=AC$ 知 $AE=AF$,所以,$\angle B=\angle ADE=\angle AKE=\angle C=\angle ADF=\angle AJF$,即 $\angle AKE=\angle AJF$。又由 $AK\cdot AH=AJ\cdot AI$ 知,$\triangle AKI\backsim\triangle AJH$,于是 $\angle AKI=\angle AJH$。因此,$\angle AKE+\angle AKI=180°$ 当且仅当 $\angle AJF+\angle AJH=180°$,即 E、K、I 三点共线当且仅当 F、J、H 三点共线。

实际上,我们还可以发现,"E、K、I 三点共线当且仅当 F、J、H 三点共线"等价于"A、K、I、C 四点共圆当且仅当 A、B、H、J 四点共圆"。由于 $\angle AKI=\angle AJH$,$\angle B=\angle C$,因此,A、K、I、C 四点共圆当且仅当 A、B、H、J 四点共圆。

我们可以看到,反演变换与四点共圆紧密相关,而四点共圆能够灵活地进行角度的转化。本题中,点 D 为 BC 边的中点以及各组垂直关系都是一种特殊的情形,其实只需满足点 E 和点 B、点 K 和点 H、点 J 和点 I、点 F 和点 C 均是以 A 为反演中心、AD^2 为反演幂的反演点即可。

第二节　信息技术在立体几何中的应用

　　平面几何是二维空间中研究图形之间的位置关系和数量关系的学科,立体几何则是三维空间中研究图形之间的位置关系和数量关系的学科。信息技术在立体几何中的应用与平面几何有着类似之处,也可以广泛应用于立体几何中的作图、度量以及图形变换。除此之外,立体几何中还在绕轴旋转、立体图形展开、空间观念的辅助展示等方面有应用。

一、　信息技术在立体几何作图中的应用

　　1. 利用 GeoGebra 画立体图形

　　利用 GeoGebra 可以轻松作出很多立体图形。选择 3D 绘图,可以打开如图 4-2-1 所示的界面,在工具栏中,主要有四个作立体图形的工具。

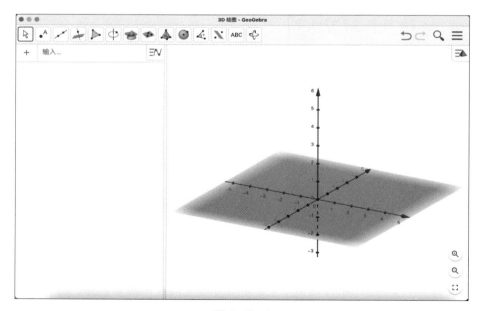

图 4-2-1

我们首先来看一下画平面的工具 。点击工具栏中的这个平面工具,可以弹出一个菜单,如图 4-2-2 所示,包括四个功能菜单:作三点平面、作平面、作垂直平面和平行平面。

利用上面这四个菜单可以分别作出符合条件的平面。选择不共线的三个点即可画出一个过三点的平面,例如分别选择 x、y、z 轴上一点即可画出一个过这三个点的平面,如图 4-2-3 所示;选择要经过的三个点或一点与一线或两线或多边形,可以画出一个平面,例如选择 y 轴和 z 轴上一点即可画出一个平面,如图 4-2-4 所示;选择经过的点与要垂直的线或向量,可以画出一个与已知线或向量垂直的平面,例如选择 z 轴上一点 A 和 x 轴,可以画出 yOz 平面,如图 4-2-5 所示;选择经过的点与平行平面即可画出一个与已知平面平行的平面,例如选择 z 轴上一点 A 和 xOy 平面,可以画出一个与已知平面平行的平面,如图 4-2-6 所示。

图 4-2-2

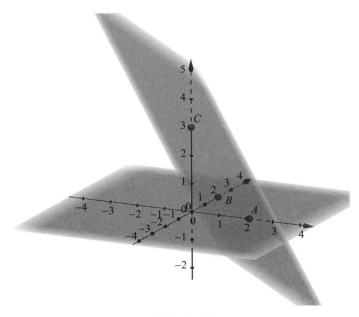

图 4-2-3

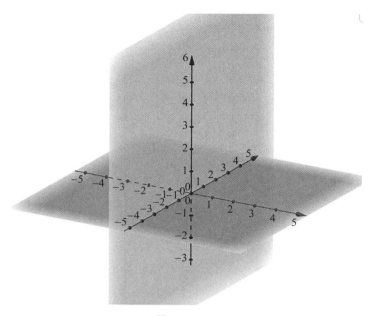

图 4- 2- 4

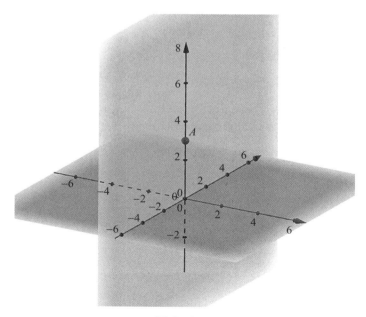

图 4- 2- 5

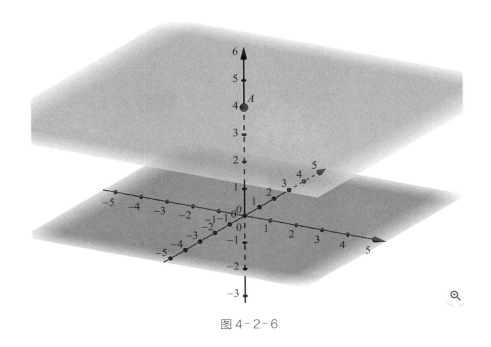

图 4 - 2 - 6

我们再来看一下常用几何体工具  。点击工具栏中的这个几何体绘画工具,同样可以弹出一个菜单,如图 4 - 2 - 7 所示。这些菜单包括:棱锥、棱柱、拉出锥体、拉出柱体、圆锥、圆柱、正四面体、正六面体、展开图、旋转曲面。

利用右面这些菜单可以画出相应的立体图形。利用"棱锥"菜单,只需选择一多边形作底,再选定顶点即可;利用"棱柱"菜单,只需选择一多边形作底,再选定最高点即可;利用"拉出锥体"菜单,首先选择多边形或圆,再输入锥体的高度;利用"拉出柱体"菜单,首先选择多边形或圆,再输入柱体的高度。锥体与柱体的作法比较简单,也比较类似,下面仅以"拉出锥体"作棱锥为例:首先作一个四边形,让四个顶点落在 x、y 轴上,如图 4 - 2 - 9 所示,再选择"拉出锥体"菜单,并选择所用的四边形,此时弹出一个输入锥体高度的对话框如图 4 - 2 - 8,输入"3"后点击"确定"按钮,最后画出的棱锥如图 4 - 2 - 9 所示。

图 4 - 2 - 7

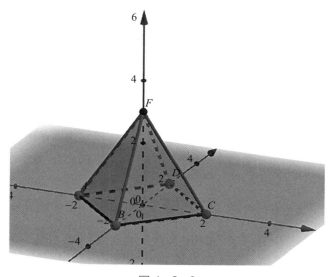

图 4-2-8

图 4-2-9

利用"圆锥"菜单画圆锥只需选定底面圆心与顶点,再输入底面半径长度即可;利用"圆柱"菜单画圆柱只需选定两底面圆心,再输入底面半径长度即可。作法与上面"拉出锥体"和"拉出柱体"类似。以画圆锥为例,首先选择坐标原点作为底面圆心,再选择 z 轴上的点$(0,0,3)$作为顶点,这时系统会弹出一个输入底面半径的对话框(如图 4-2-10),输入"2"并点击"确定"按钮,即可画出一个如图

图 4-2-10

4-2-11 所示的圆锥。

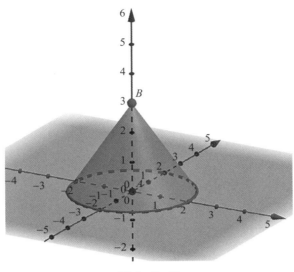

图 4-2-11

利用"正四面体"菜单和"正六面体"菜单画正四面体与正六面体,只需选择两点作为底面一条棱的两个端点,即可自动画出一个底面经过该棱的正四面体或正六面体,如图 4-2-12 所示。

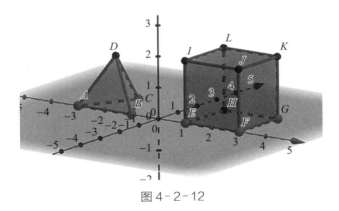

图 4-2-12

利用"展开图"菜单可以轻松画出多面体的展开图。我们可以先画一个多面体,然后利用"展开图"菜单,选择该多面体,系统自动画出它的展开图,如图 4-2-13 所示。

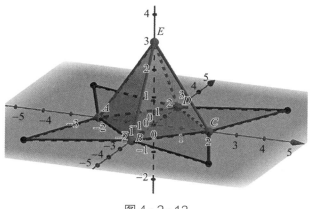

图 4-2-13

利用"旋转曲面"菜单,首先作一条线段 AB(或者一段曲线),点击该线段或围绕轴线拖动该线段或曲线,即可画出一个旋转曲面,如图 4-2-14 所示。

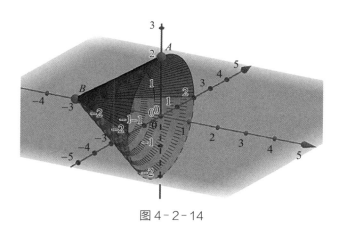

图 4-2-14

我们接着利用工具栏中的球面工具 ⊙ 画球面。点击该工具即可弹出一个菜单,如图 4-2-15 所示。该菜单功能包括两个:一个是选定球心和球面上一点画球面,另一个是选定球心并输入半径画球面。作法与前面画锥体与柱体类似,在此不再赘述。

最后,我们来看一下"相交曲线"工具 ◈ 。点击这个工具按钮也会弹出一个菜单,该菜单中只有一个功能,那就是作两个曲面的"相交曲线",如图 4-2-16所示。

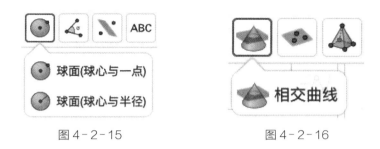

图 4-2-15   图 4-2-16

我们先作一个圆锥,再作一个平面,然后利用"相交曲线"工具,可以作出该平面与圆锥的相交曲线,如图 4-2-17 所示。

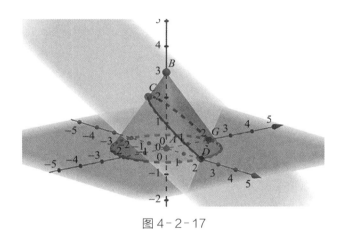

图 4-2-17

2. 利用几何画板画立体图形

几何画板的自定义工具有着十分丰富的绘图工具,其中包括立体图形的绘图平台和绘图工具。这里我们仅简单介绍一下"立体几何"绘图工具。

如图 4-2-18 所示,几何画板能直接绘画的立体图形包括:三棱锥、四棱锥、五棱锥、六棱锥、三棱柱、六棱柱、三棱台、四棱台、正四棱台、正四面体、正六面体、正八面体、正十二面体、正二十面体、任意长方体、二面角、平面、球冠、圆环、圆柱、圆锥、圆台、球、给立体图形加圆面等。点击绘图工具中的相应菜单即可画出相应的立体图形,操作简单方便。

3. 利用电子黑板画立体图形

如果我们在教室里用电子黑板上课,也可以利用系统提供的软件画一些简单的立体图形,例如希沃电子黑板中的 EasiNote 就有一些常用的立体图形,例如球、

图 4-2-18

长方体等。EasiNote 是一款由广州视睿电子科技有限公司独立开发的基于触摸屏操作的交互式多媒体软件,可以设置背景颜色为传统黑板的墨绿色或黑色。该软件适用于智能平板课堂教学,交互设计性强,无延迟的逼真书写,丰富的小工具资源应用,提供了书写、擦除、批注、绘图、漫游等功能。其中的绘图功能包括常见平面图形和立体图形的绘图功能,非常方便课堂教学。

二、 信息技术在立体几何度量中的应用

直观操作是信息技术在研究几何中的一个基本功能,度量则是信息技术在研究几何问题中的一个重要特征,它既有验证功能,又有实践功能,能较好地帮助我们定量地研究几何问题。

目前,GeoGebra 可以方便地度量立体图形中的角度、距离/长度、面积和体积。首先,我们利用 3D 绘图功能绘制一个正四面体,然后分别选择菜单中的"角度""距离/长度""面积""体积"这四个度量菜单(如图 4-2-19),分别度量正四面

体的一个面角∠CBD,棱 CB 和 BD,一个面的面积,该正四面体的体积,结果显示 ∠$CBD=60°$,$CB=BD=4.13$,DAC 的面积$=7.38$,a 的体积$=8.3$,如图 4- 2-20 所示。我们如果计算一下,不难发现这些度量的数据与实际计算结果是比 较吻合一致的。

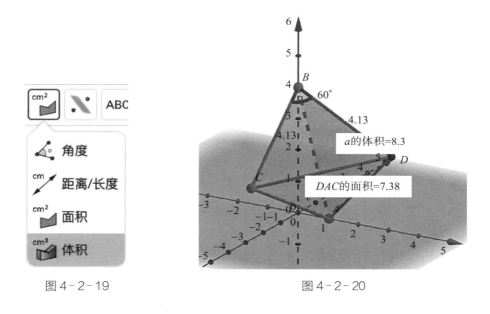

图 4-2-19　　　　　　　　　　　图 4-2-20

GeoGebra 的这四个常用的度量功能,有助于我们研究一些常见的立体图形, 对我们探索立体图形的性质带来了一定的方便和直观。

三、 信息技术在立体几何图形变换中的应用

前面我们讲过平面图形的一些常见变换,我们对平面图形的变换基本上都能 够有一个直观的想象。空间中立体图形也可以作出变换,但我们往往很难有比较 直观的想象。这就使得空间中的几何变换对我们的直观想象有着更重要的意义。

在 GeoGebra 中,空间中图形的几何变换方法与平面中的情形完全类似,但其 空间中的形象有着非常直观的效果。例如,我们先在 3D 绘图中绘制一个正四面 体 $ABCD$,然后利用轴对称变换将面 ABD 作关于 z 轴的轴对称变换,再利用旋转 变换将面 ABD 作关于原点逆时针方向旋转 $60°$ 的旋转变换,所得的效果如图 4- 2-21 所示。从图中可以看到,变换后的图形与原图形之间的空间位置关系比较

直观。除了以上两种变换，我们还可以在空间中将图形作平面对称、中心对称、平移和位似变换。有兴趣的读者可以自行尝试。

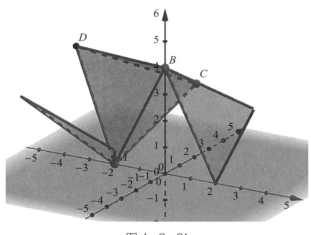

图 4-2-21

四、信息技术在立体几何图形展开中的应用

空间想象力除了在空间中的几何变换中体现明显之外，在可展立体几何图形的展开过程中也体现明显。

我们以最常见的正方体为例，在 GeoGebra 中先画一个正方体，然后选择菜单中的"展开图"菜单（如图 4-2-22），再选中正方体，该正方体的展开图就自动绘制出来（如图 4-2-23），在左侧代数区还自动显示一个参数 b 的滑动杆，点击旁边的播放按钮，或者拖动滑动杆，我们就会看到正方体展开的动态过程。参数 b 从 1 变到 0，展示正方体的展开图围成正方体的动态过程；相反，参数 b 从 0 变到 1，展示正方体的立体图展开成平面展开图的动态过程。

这一工具的功能不仅能直观形象地展现立体图形的展开图，而且还能动态展示其展开过程，在课堂教学中有着非常好的教学效果。

特别值得一提的是，立体图形的展开过程是那么简单、易操作，相比之下，以往制作课件或动画的复杂过程就被这一键替代

图 4-2-22

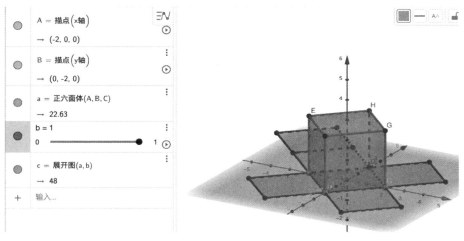

图 4 - 2 - 23

了。通过此功能我们可以初步感受到 GeoGebra 背后强大的算法。细心的读者可能还会发现，在图 4 - 2 - 23 的左边代数区中，a 的值是正方体的体积，c 的值是展开图的面积，也就是正方体的表面积。

五、　信息技术在立体几何问题解决中的应用

直观想象主要是借助几何直观和空间想象感知事物的形态与变化，建立形与数的联系，理解和解决数学问题。立体几何问题的分析与解决，对培养学生的空间想象能力和直观想象素养有着重要的作用。在这一过程中，信息技术可以辅助学生培养和发展空间观念，提升数形结合的能力。

例1　如图 4 - 2 - 24，已知四边形 $ABCD$ 是正方形，$\triangle ABP$、$\triangle BCQ$、$\triangle CDR$、$\triangle DAS$ 都是等边三角形，E、F、G、H 分别是线段 AP、DS、CQ、BQ 的中点，分别以 AB、BC、CD、DA 为折痕将四个等边三角形折起，使得 P、Q、R、S 四点重合于一点 P，得到一个四棱锥。对于下面四个结论：

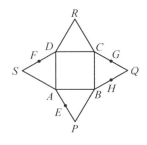

图 4 - 2 - 24

① EF 与 GH 为异面直线；

② 直线 EF 与直线 PB 所成的角为 $60°$；

③ $EF /\!/$ 平面 PBC；

④ 平面 $EFGH /\!/$ 平面 $ABCD$。

其中正确结论的个数有(　　　)。

A. 0 个 　　　　　　　　　　 B. 1 个

C. 2 个 　　　　　　　　　　 D. 3 个

本题为一道立体几何中的折叠问题，主要是将一个展开图还原为立体图形，并理解空间中的位置关系与数量关系。

借助信息技术，我们可以画出折叠后对应的立体图形，如图 4 - 2 - 25 所示。根据立体图形的直观图，我们很容易判断①是错误的，②、③、④都是正确的，因此本题选 D。

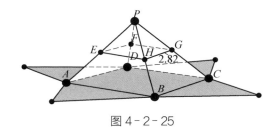

图 4 - 2 - 25

例 2 在三棱锥 A - BCD 中，$BC = BD = AC = AD = 10$，$AB = 6$，$CD = 16$，点 P 在平面 ACD 内，且 $BP = \sqrt{30}$，设异面直线 BP 与 CD 所成角为 α，则 $\sin \alpha$ 的最小值为(　　　)。

A. $\dfrac{3\sqrt{10}}{10}$ 　　　　 B. $\dfrac{\sqrt{10}}{10}$ 　　　　 C. $\dfrac{2\sqrt{5}}{5}$ 　　　　 D. $\dfrac{\sqrt{5}}{5}$

本题研究的是两条异面直线所成角的正弦值的最小值。一般情况下，我们需要将两条异面直线平移成相交直线，继而研究两条相交线所成角的大小。

我们先结合题意画出图形。要想比较准确地画出图形，我们有两种方法：一种方法是建立空间直角坐标系，计算出三棱锥四个顶点的坐标，通过描出顶点坐标来准确画出三棱锥；另一种方法是先大概画一个三棱锥，然后利用度量功能度量出每条棱的长度，再拖动顶点位置逐步调整。设 CD 的中点为 E，点 B 在面 ACD 内的射影为点 F。通过计算，我们知道三角形 ABE 是一个边长为 6 的正三角形，以 BE 的中点 O 为原点，以 OE 为 x 轴，OA 为 z 轴，平面 BCD 内过点 O 且与 CD 平行的直线为 y 轴建立空间直角坐标系，则 $A(0, 0, 3\sqrt{3})$，$B(-3, 0, 0)$，

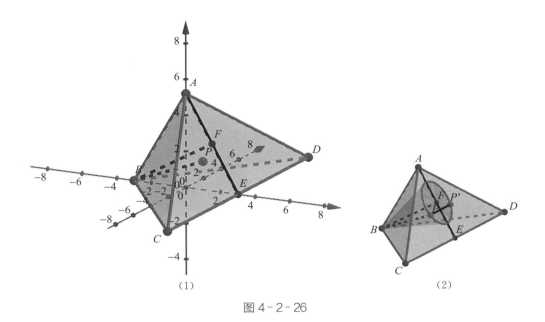

图 4 - 2 - 26

$C(3，-8，0)$，$D(3，8，0)$，通过描点作出三棱锥如图 4 - 2 - 26(1)所示。

接下来，我们需要弄清楚点 P 的运动轨迹。由于点 P 在平面 ACD 内，且 $BP=\sqrt{30}$，所以点 P 是在一个圆锥的底面圆上运动，该圆的圆心就是点 B 在平面 ACD 内的射影 F，易知点 F 为 AE 的中点。

如图 4 - 2 - 26(2)所示，作点 P 关于 AE 的对称点 P'，则 $PP'\ /\!/\ CD$。当点 P 与 P' 重合时，异面直线 BP 与 CD 所成的角是直角；当点 P 与 P' 不重合时，异面直线 BP 与 CD 所成的角就是 $\angle BPP'$，即等腰三角形 BPP' 的底角。显然，等腰三角形 BPP' 的腰长一定，当底边 PP' 最长时，底角最小。因为点 P 在圆 F 上运动，所以当 PP' 经过圆心 F 时，PP' 为直径，此时为最长长度 $2\sqrt{3}$，$\angle BPP'$ 的正弦值为 BF 与 BP 的比值，即 $\dfrac{3\sqrt{3}}{\sqrt{30}}$，故本题选 A。

例 3　在棱长为 1 的正方体 $ABCD - A'B'C'D'$ 中，若点 P 是棱上一点，则满足 $|PA|+|PC'|=2$ 的点 P 的个数为 _____。

本题是求满足条件的点 P 的个数问题，我们只需研究每条棱上分别有几个满足条件的点 P 即可。通过计算容易知道，$B'C'$ 的中点 E 是符合条件的点，如图 4 - 2 - 27(1)所示；同理，$C'D'$、$C'C$、AA'、AB、AD 的中点也都是符合条件的点。

$A'D'$上所有的点与 A、C'两点的距离之和均大于 2；同理，$A'B'$、DD'、DC、BC、BB'上所有的点与 A、C'两点的距离之和均大于 2。综上所述，在正方体的棱上所有满足条件的点 P 的个数为 6。

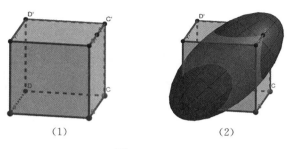

（1）　　　　　　　　（2）

图 4-2-27

注意到条件 $|PA|+|PC'|=2$ 与平面内椭圆的定义很类似，因此我们会联想到在空间中所有满足条件 $|PA|+|PC'|=2$ 的点 P 会形成一个椭球。因此，只需看正方体的 12 条棱与椭球一共有几个交点即可。

其实图 4-2-27(2)中的椭球在 GeoGebra 中很容易绘制。首先利用菜单中绘制椭圆的工具，依次选择两个焦点 A、C'和椭圆上一点 E，即可画出椭圆。接下来利用菜单中的旋转曲面工具，选择椭圆，并设置按 AE 旋转，即可画出符合条件的椭球。从绘制好的立体图形中，我们容易看到椭球与正方体只有 6 个公共点。当然，教学时还应结合图形讲解其中的道理。

第三节　信息技术在解析几何中的应用

解析几何也是数形结合的重要内容，学习解析几何一方面要注意几何关系的转化，另一方面要注意引参代数化及代数运算。信息技术在解析几何问题的研究中往往起着直观形象的作用，有助于我们发现研究其中蕴含的几何规律，获得解决问题的思路与方法。

一、 信息技术在解析几何作图中的应用

解析几何的主要研究对象是点、直线、圆和圆锥曲线,这些基本的几何元素在 GeoGebra 和几何画板等软件中都有对应的作图工具。所以,一般的解析几何的作图问题很容易实现。

除了常规的绘图功能外,在 GeoGebra 中还可以利用菜单中的圆锥曲线菜单 $\boxed{\bigcirc}$,根据五点画出圆锥曲线。当我们在绘图区选定四个点 A、B、C、D 后,移动鼠标,会自动显示一个过这四个点的圆锥曲线,接着按下鼠标确定第五个点 E,就确定过这五个点的圆锥曲线。值得注意的是,经过这五个点的圆锥曲线可能是双曲线,也可能是椭圆,甚至可能是抛物线或两条直线,如图 4 - 3 - 1,这是固定 A、B、C、D 四点的位置,改变 E 点的位置而得到的几个不同形状的圆锥曲线。其中(1)和(2)是椭圆,(3)~(5)是双曲线。(5)看起来像是两条相交线,但将图形放大到一定大小时,我们会发现它也是双曲线。

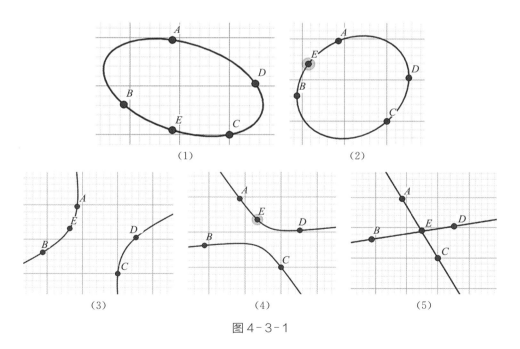

(1)　　　　　　　　　(2)

(3)　　　　　　(4)　　　　　　(5)

图 4 - 3 - 1

当然,如果 A、B、C、D、E 这五个点的位置关系合适,所绘制出来的曲线也可能是圆或两条直线。如图 4 - 3 - 2 就是两条相交直线。我们从这五个点的坐标及曲线 d 的方程也可以看出来,曲线 d 表示 $x - y = 0$ 和 $x + y = 1$ 这两条直线。

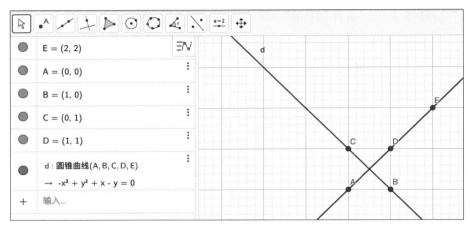

图 4 - 3 - 2

有兴趣的读者可以自己拖动 E 点位置，试着画出一个圆来。

我们改变这五个点的坐标如图 4 - 3 - 3，我们发现还可以画出过五个点的抛物线。

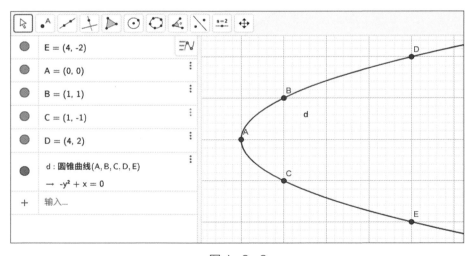

图 4 - 3 - 3

几何画板虽然功能强大，但是它不能方便地画出一般方程的曲线。相比 GeoGebra 而言，在几何画板中根据曲线方程作出几何图形还是相形见绌。而这一点，GeoGebra 可以完美实现。例如，在 GeoGebra 的代数区中输入"$x \wedge 2 + y \wedge 2 = 1$"，按下回车键，即可在绘图区画出一个单位圆；再在代数区中输入

"$x^\wedge 2 + y^\wedge 4 = 1$",按下回车键,即可在绘图区中单位圆的外面画出一个封闭图形,如图 4 - 3 - 4。

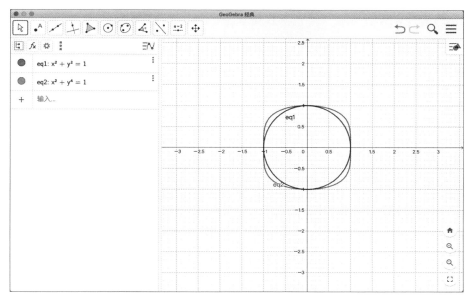

图 4 - 3 - 4

有兴趣的读者还可以输入一些陌生的方程,看看它们分别表示什么曲线。

二、 信息技术在解析几何探究中的应用

解析几何探究问题主要涉及存在性问题和恒成立问题两大类。存在性问题可以包罗万象,比如是否存在一点,使得图形满足一定的数量关系或位置关系;恒成立问题包括定点问题、定值问题等等。信息技术在研究解析几何探究问题中有着一定的辅助作用,可以帮助我们提出猜想,发现规律,获得思路。尤其在教学中能够有利于学生理解这类问题的解题思路。

例 1 已知椭圆 $C: \dfrac{x^2}{a^2} + \dfrac{y^2}{b^2} = 1 (a > b > 0)$ 的离心率为 $\dfrac{\sqrt{2}}{2}$,且过点 $A(2, 1)$。

(Ⅰ) 求 C 的方程;

(Ⅱ) 点 M、N 在 C 上,且 $AM \perp AN$,$AD \perp MN$,点 D 为垂足。证明:存在定点 Q,使得 $|DQ|$ 为定值。

我们很容易求出椭圆 C 的方程为 $\dfrac{x^2}{6}+\dfrac{y^2}{3}=1$。研究第（$\text{II}$）题，我们可以先画出几何图形（如图 $4-3-5(1)$），构图过程是这样的：先在椭圆 C 上任取一点 M，连结 AM；再过点 A 作直线 AM 的垂线交椭圆 C 于点 N，连结 MN；接着过点 A 作直线 MN 的垂线交 MN 于点 D。

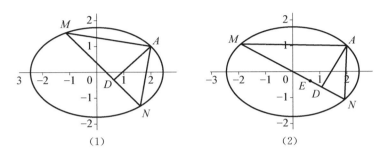

图 $4-3-5$

要证明存在定点 Q，使得 $|DQ|$ 为定值，似乎不知从何下手。如果拖动点 M，那么整图都会随着运动起来。如果在拖动点 M 或播放点 M 的动画时跟踪直线 MN，显示其轨迹，我们不难发现：直线 MN 恒过定点，不妨记为点 E，如图 $4-3-5(2)$。虽然 $|DE|$ 并不是定值，但图中目前有两个定点——点 A 和点 E，因而 $|AE|$ 是定值。当点 D 与点 E 不重合时，A、E、D 三点构成一个直角三角形，点 D 在以 AE 为直径的圆上运动，因此，点 D 到圆心——AE 的中点的距离为定值！当点 D 与点 E 重合时，点 D 也在以 AE 为直径的圆上。综上所述，AE 的中点就是我们要找的点 Q。

因此，本题的解答思路大致可描述为：先求出直线 MN 经过的定点 E，再求出线段 AE 的中点 Q。下面附上本题的解答过程供读者参考：

设点 $M(x_1,\ y_1)$，$N(x_2,\ y_2)$，因为 $AM\perp AN$，所以 $\overrightarrow{AM}\cdot\overrightarrow{AN}=0$，

即 $\qquad\qquad (x_1-2)(x_2-2)+(y_1-1)(y_2-1)=0$ ①

当直线 MN 的斜率存在时，设方程为 $y=kx+m$，代入椭圆方程消去 y 并整理得：$(1+2k^2)x^2+4kmx+2m^2-6=0$，所以

$$x_1+x_2=-\frac{4km}{1+2k^2},\ x_1x_2=\frac{2m^2-6}{1+2k^2}$$ ②

又 $y_1 = kx_1 + m$，$y_2 = kx_2 + m$，代入 ① 整理可得：

$$(k^2+1)x_1x_2 + (km-k-2)(x_1+x_2) + (m-1)^2 + 4 = 0。$$

将②代入上式，得

$$(k^2+1)\frac{2m^2-6}{1+2k^2} + (km-k-2)\left(-\frac{4km}{1+2k^2}\right) + (m-1)^2 + 4 = 0，$$

整理化简，得 $(2k+3m+1)(2k+m-1) = 0$。

点 $A(2, 1)$ 不在直线 MN 上，所以 $2k+m-1 \neq 0$，故 $2k+3m+1 = 0$，$k \neq 1$。

于是 MN 的方程为 $y = k\left(x - \dfrac{2}{3}\right) - \dfrac{1}{3}$，过定点 $E\left(\dfrac{2}{3}, -\dfrac{1}{3}\right)$。

当直线 MN 的斜率不存在时，可得 $N(x_1, -y_1)$，

代入 $(x_1-2)(x_2-2) + (y_1-1)(y_2-1) = 0$，得 $(x_1-2)^2 + 1 - y_2^2 = 0$。

又因为 $\dfrac{x_1^2}{6} + \dfrac{y_1^2}{3} = 1$，可解得 $x_1 = 2$(舍)，或 $x_1 = \dfrac{2}{3}$。

此时直线 MN 也过点 $E\left(\dfrac{2}{3}, -\dfrac{1}{3}\right)$。

由于 $|AE|$ 为定值，点 D 在以 AE 为直径的圆上，所以 AE 的中点 Q $\left(\dfrac{4}{3}, \dfrac{1}{3}\right)$ 满足 $|DQ|$ 为定值，且 $|DQ| = \dfrac{1}{2}\sqrt{\left(2-\dfrac{2}{3}\right)^2 + \left(1+\dfrac{1}{3}\right)^2} = \dfrac{2\sqrt{2}}{3}$。

故存在点 $Q\left(\dfrac{4}{3}, \dfrac{1}{3}\right)$，使得 $|DQ|$ 为定值。

信息技术在根据曲线方程研究曲线性质时也有着重要的辅助作用。当我们面对一个陌生的曲线方程时，有些简单性质可以从方程读出来，而有些性质可能没那么容易读出来，此时结合曲线的形状更有利于我们发现解题思路。

例 2 曲线 C 是平面内与两个定点 $F_1(-1, 0)$ 和 $F_2(1, 0)$ 的距离的积等于常数 $a^2(a > 1)$ 的点的轨迹。给出下列四个结论：

① 曲线 C 过坐标原点；

② 曲线 C 关于坐标原点对称；

③ 若点 P 在曲线 C 上，则 $\triangle F_1 P F_2$ 的面积不大于 $\dfrac{1}{2}a^2$；

④ 曲线 C 与椭圆 $\dfrac{x^2}{a^2} + \dfrac{y^2}{a^2-1} = 1$ 只有两个公共点。

其中，所有正确结论的序号是_____。

容易知道，曲线 C 的方程为 $\sqrt{(x+1)^2+y^2}\cdot\sqrt{(x-1)^2+y^2}=a^2$，本题所给出的四个结论直接从方程加以验证并不算困难。

对①，直接把原点坐标 $(0，0)$ 代入方程，可知不正确；对②，把方程中的 x 换成 $-x$，把 y 换成 $-y$，发现方程保持不变，故正确；对③，方程的面积为 $S_{\triangle F_1PF_2}=\frac{1}{2}|PF_1|\cdot|PF_2|\cdot\sin\theta=\frac{1}{2}a^2\sin\theta\leqslant\frac{1}{2}a^2$，故正确；对④，联立曲线 C 与椭圆的方程，把椭圆方程中的 y^2 代入曲线 C 的方程，并化简得：$\left|\dfrac{x^2}{a^2}-a^2\right|=a^2$，所以 $x=0$ 或 $x=\pm\sqrt{2}a^2$（舍去，因为椭圆中 $|x|\leqslant a$），故曲线 C 与椭圆 $\dfrac{x^2}{a^2}+\dfrac{y^2}{a^2-1}=1$ 只有两个公共点，也正确。

解答完这道题，我们好像并不太清楚曲线 C 的形状是什么样子，也不知道曲线 C 究竟还有一些什么性质。这时，我们可以利用信息技术把曲线 C 画出来（如图 4-3-6 左图），这样就比较直观。把④中的椭圆也画出来（如图 4-3-6 右图），这样将更清楚地能看到二者的交点情况。设点 $P(x，y)$ 是曲线 C 与椭圆的公共点，则点 P 的坐标同时满足曲线 C 的方程与椭圆的方程，因此 $a^2=|PF_1|\cdot|PF_2|\leqslant\left(\dfrac{|PF_1|+|PF_2|}{2}\right)^2=a^2$，恰好满足等号成立，等号成立的条件是 $|PF_1|=|PF_2|$，此时 $x=0$，二者交点只有两个。

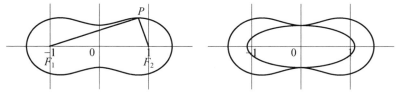

图 4-3-6

这里的曲线 C 称之为"卡西尼卵形线"。一般地，设 $F_1(-c，0)$ 和 $F_2(c，0)$，则卡西尼卵形线的方程为 $\sqrt{(x-c)^2+y^2}\cdot\sqrt{(x+c)^2+y^2}=a^2$，借助信息技术，我们可以发现曲线有如下几种情形（如图 4-3-7）：

概括起来，卡西尼卵形线的形状有如下几种情况：

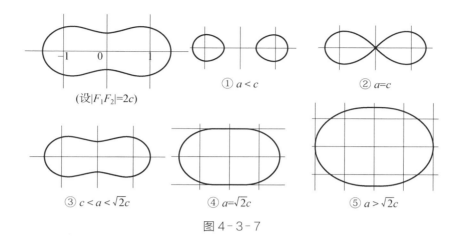

① $a < c$

② $a = c$

③ $c < a < \sqrt{2}c$

④ $a = \sqrt{2}c$

⑤ $a > \sqrt{2}c$

(设 $|F_1F_2| = 2c$)

图 4-3-7

(1) $\dfrac{c}{a} < 1$：一个封闭图形；

(2) $\dfrac{c}{a} = 1$：双纽线；

(3) $\dfrac{c}{a} > 1$：两个封闭图形。

有兴趣的读者还可以利用信息技术继续研究卡西尼卵形线的其他性质。

三、 信息技术在解析几何问题解决中的应用

几何运动变化中的不变性、最值与范围等问题以及存在性探究问题、探索轨迹问题等等，都可以利用信息技术进行探索与研究，从而获得初步结论与解决思路。解析几何也属于几何，其中的运动变化问题常常因某一点或直线的运动而产生变化，解决问题时便可以引进适当的参数刻画这一变化，最终把所研究的问题转化为参数的代数运算。

例 3　在平面直角坐标系中，点 A，B，C 在双曲线 $xy = 1$ 上，满足 $\triangle ABC$ 为等腰直角三角形。求 $\triangle ABC$ 的面积的最小值。

本题是 2020 年全国高中数学联赛一试的最后一道解答题，研究满足条件的三角形面积的最小值。我们可以利用几何画板探索一下：如图 4-3-8，首先画出函数

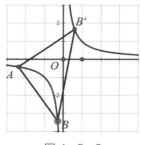

图 4-3-8

153

$y = \dfrac{1}{x}$ 的图象,也就是双曲线 $xy = 1$;然后在双曲线上任取一点 A 和一点 B,连接 AB,再将 AB 绕点 A 逆时针旋转 $90°$ 至 AB',连接 BB'。

先固定点 A,再任意拖动点 B,发现恰好只有一个位置使得点 B' 落在双曲线上(此时点 B' 就是点 C),点 B 在其他位置时,点 B' 均不落在双曲线上。也就是说,当点 A 固定时,有且只有一个等腰直角三角形,它的三个顶点均落在双曲线上。因此,点 A 的位置将直接决定满足条件的等腰直角三角形的面积的大小。

解决这道题我们首先会想到引进一个参数来刻画点 A 的位置,然后再利用这个参数表达等腰直角三角形 ABC 的面积。难点在于:对于任意点 A,存在唯一点 B,使得 B' 落在双曲线上,如何刻画 B 点的位置呢? 再引进一个什么参数来刻画 B 点的位置呢?

顺着构图的过程及上述分析,我们设 $A\left(a, \dfrac{1}{a}\right)$,$B\left(b, \dfrac{1}{b}\right)(a \neq b,\, ab \neq 0)$,则 $\overrightarrow{AB} = \left(b - a, \dfrac{1}{b} - \dfrac{1}{a}\right)$。$\overrightarrow{AB'}$ 相当于将 $\overrightarrow{AB}$ 逆时针旋转 $90°$ 得到,所以 $\overrightarrow{AB'} = \left(\dfrac{1}{a} - \dfrac{1}{b}, b - a\right)$,因而 $B'\left(\dfrac{1}{a} - \dfrac{1}{b} + a,\, b - a + \dfrac{1}{a}\right)$,即 $C\left(\dfrac{1}{a} - \dfrac{1}{b} + a,\, b - a + \dfrac{1}{a}\right)$。

因为点 C 在双曲线上,所以 $\left(\dfrac{1}{a} - \dfrac{1}{b} + a\right)\left(b - a + \dfrac{1}{a}\right) = 1$,化简得:$ab = \dfrac{a^2 - 1}{a^2 + 1}$。

又因为 $\triangle ABC$ 为等腰直角三角形,所以 $\triangle ABC$ 的面积 $S = \dfrac{1}{2}(\overrightarrow{AB})^2 = \dfrac{1}{2}\left[(b - a)^2 + \left(\dfrac{1}{b} - \dfrac{1}{a}\right)^2\right]$。

接下来,只需求出 S 的最小值就可以了。

由 $ab = \dfrac{a^2 - 1}{a^2 + 1}$ 得:$a - b = \dfrac{a^4 + 1}{a(a^2 + 1)}$,所以,$S = \dfrac{1}{2}(b - a)^2\left(1 + \dfrac{1}{a^2 b^2}\right) = \dfrac{(a^4 + 1)^3}{a^2(a^4 - 1)^2}$。

研究函数 $f(x)=\dfrac{(x^2+1)^3}{x(x^2-1)^2}(x>0)$，我们可以先画出函数 $f(x)$ 的图象，如图 $4-3-9$ 所示，我们发现，函数 $f(x)$ 很可能有两个最小值点。

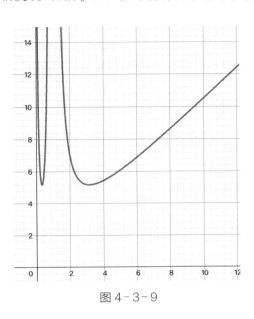

图 $4-3-9$

对函数 $f(x)$ 求导，得：$f'(x)=\dfrac{(x^2+1)^2(x^4-10x^2+1)}{x^2(x^2-1)^3}$，令 $f'(x)=0$，得：$x=\sqrt{3}\pm\sqrt{2}$（负根舍去），又 $x>0$ 且 $x\neq1$，所以函数 $f(x)$ 在区间 $(0,\sqrt{3}-\sqrt{2})$ 内单调递减，在区间 $(\sqrt{3}-\sqrt{2},1)$ 内单调递增，在区间 $(1,\sqrt{3}+\sqrt{2})$ 内单调递减，在区间 $(\sqrt{3}+\sqrt{2},+\infty)$ 内单调递增。又 $f(\sqrt{3}\pm\sqrt{2})=3\sqrt{3}$，因此，函数 $f(x)$ 的最小值为 $3\sqrt{3}$，即 $\triangle ABC$ 面积的最小值为 $3\sqrt{3}$，取最小值的条件是 $a^2=\sqrt{3}\pm\sqrt{2}$。

当然，我们也可以用均值不等式求 $S=\dfrac{(a^4+1)^3}{a^2(a^4-1)^2}$ 的最小值。

因为 $a^2(a^4-1)^2=\sqrt{a^4(a^4-1)^4}=\sqrt{\dfrac{1}{8}\cdot8a^4\cdot(a^4-1)^2\cdot(a^4-1)^2}$

$$\leqslant\sqrt{\dfrac{1}{8}\cdot\left(\dfrac{8a^4+(a^4-1)^2+(a^4-1)^2}{3}\right)^3}=\dfrac{(a^4+1)^3}{3\sqrt{3}},$$

所以 $S=\dfrac{(a^4+1)^3}{a^2(a^4-1)^2}\geqslant3\sqrt{3}$，等号成立当且仅当 $8a^4=(a^4-1)^2$，即 a^8-

$10a^4+1=0$,亦即 $a^2=\sqrt{3}\pm\sqrt{2}$。

本题借助信息技术获得解题思路是关键,中间研究函数的最值时借助的信息技术工具也是一种辅助。当我们真正完成本题的解答之后,信息技术的作用就不知不觉融合在整体思路之中了。这对于理解和掌握本题的解答思路有着十分重要的作用。实际上,我们还可以有其他的解法,比如直接设 A、B、C 三点的坐标,再利用 $AB=AC$ 和 $AB\perp AC$ 这两个条件进行求解,方法与上述解答大同小异,但更立足于从代数角度解决问题。

例 4 已知直线 l:$y=kx+m$ 与椭圆 E:$\dfrac{x^2}{4}+y^2=1$ 相交于 A、C 两点,点 B 在椭圆 E 上,且四边形 $OABC$ 为平行四边形。试问:四边形 $OABC$ 的面积是否是定值? 若否,请说明理由;若是,请证明你的结论,并将本题的结论推广到一般情形。

我们先思考一个问题:如何利用信息技术作出本题的动图? 这里,我们以 GeoGebra 为例:首先在代数区输入椭圆的方程 $(x^{\wedge}(2))/(4)+y^{\wedge}(2)=1$,画出椭圆 E;然后在椭圆 E 上任取一点 B,连接 OB,取 OB 的中点 P;再度量直线 OB 的斜率 k,计算直线 l 的斜率 n $\left(\text{直线 } OB \text{ 与 } l \text{ 的斜率之积为 }-\dfrac{1}{4}\right)$;最后,在代数区输入作出 nx,画出一条过原点、斜率为 n 的直线 s,过点 P 作直线 s 的平行线即直线 l,交椭圆 E 于 A、C 两点,连接 OA、OC、AB、BC,得到平行四边形 $OABC$。至此,本题的动图已构画完成,如图 4-3-10(1)。以 O、A、B、C 四点为顶点构造多边形,度量该多边形的面积,如图 4-3-10(2),拖动点 B,我们发现四边形 $OABC$ 的面积为定值,始终保持不变。

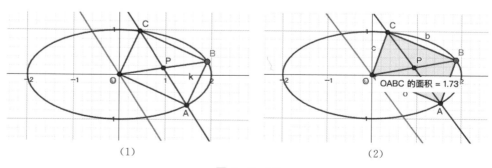

(1)　　　　　　　　　　　　(2)

图 4-3-10

对本题的证明本书从略,有兴趣的读者自行证明。

本题的结论可以从两个方面进行推广。一是将椭圆 E 的方程推广到一般情形,即 $\dfrac{x^2}{a^2}+\dfrac{y^2}{b^2}=1$,其中 a、b 设置为参数,把参数 a、b 的值调到任意一组值,拖动点 B,我们发现平行四边形 $OABC$ 的面积均分别为定值。二是将 OB 的中点进行推广,如图 $4-3-11$,利用位似变换,将点 B 以点

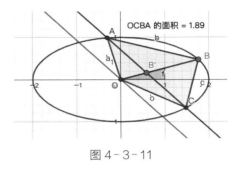

图 $4-3-11$

O 为位似中心、$\lambda\left(\text{图中}\lambda=\dfrac{1}{3}\right)$ 为位似比变换到点 B',同样作出四边形 $OABC$,则四边形 $OABC$ 的面积也是定值。证明均从略。

例5 已知椭圆 E:$\dfrac{x^2}{4}+\dfrac{y^2}{2}=1$,过点 $P(0,1)$ 的动直线 l 与椭圆 E 相交于 A,B 两点,在平面直角坐标系 xOy 中,是否存在与点 P 不同的定点 Q,使得 $\dfrac{|QA|}{|QB|}=\dfrac{|PA|}{|PB|}$ 恒成立? 若存在,求出点 Q 的坐标;若不存在,请说明理由。

这是一道存在性的探究问题,我们可以先画出基本图形,然后在平面直角坐标系 xOy 中任取一点 Q,分别计算 $\dfrac{|PA|}{|PB|}$ 与 $\dfrac{|QA|}{|QB|}$ 的值,如图 $4-3-12(1)$ 所示。拖动点 Q,观察 $\dfrac{|PA|}{|PB|}$ 与 $\dfrac{|QA|}{|QB|}$ 这两个比值是否相等。通过不断地移动点 Q,观察两个比值的变化情况,我们可以找到一点 $Q(0,2)$ 符合题意,如图 $4-3-12(2)$。

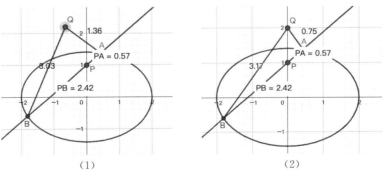

(1)　　　　　　　　　　(2)

图 $4-3-12$

经过探索，我们发现点 Q 在 y 轴上。会不会在别的地方还有满足条件的 Q 点呢？满足条件的点 Q 一定在 y 轴上吗？结合"先猜后证"的方法，我们可以通过两种特殊情况先猜出点 Q 一定在 y 轴上。当直线 $l \perp y$ 轴时，容易知道，满足条件的点 Q 一定在 y 轴上；当直线 $l \perp x$ 轴时，容易知道，满足条件的点 Q 只可能是 $(0，2)$。于是，我们猜想 $Q(0，2)$。接下来，我们证明对一般情况，结论也成立。

实际上，如果 $\dfrac{|QA|}{|QB|} = \dfrac{|PA|}{|PB|}$，那么 PQ 是 $\angle AQB$ 的角平分线。当点 Q 在 y 轴上时，"PQ 是 $\angle AQB$ 的角平分线"等价于"直线 QA 与 QB 的斜率互为相反数"。因此，我们证明一般情况其实只需证明 $Q(0，2)$ 与 A、B 两点连线的斜率之和为 0 即可。详细的证明过程从略。

信息技术在解析几何教学的其他方面还有很多应用，如在椭圆的概念教学中，可以呈现一些图片及动画生成过程；在性质教学中，可以利用信息技术的度量功能与变换功能进行直观的验算与探索；等等。此外，信息技术不仅在解析几何的教学中可以应用，而且在解析几何问题的研究与探索中也有着广泛的应用。

第五章　信息技术在概率统计教学中的应用

第一节　信息技术在概率中的应用

信息技术在概率中的应用主要是在模拟试验和概率分布两个方面。受一些客观因素如时间、人力等的影响，很多概率试验无法在短时间内完成，所以我们常常会用计算机进行模拟试验，获得事件发生的频率，从而估计事件发生的概率。另一方面，利用和研究各种不同的概率分布时，我们可以利用信息技术直接呈现密度曲线及相关数据。这给教学带来了极大的方便。

例1　抛掷一枚硬币 10 000 次，观察国徽朝上的频率，估计抛掷硬币出现国徽朝上的概率。

用频率估计概率是人们在实践中估计事件发生的概率的常用方法。但限于实际情况，有时无法在短时间内完成模拟试验，如历史上蒲丰曾抛掷硬币 4 040 次，出现正面 2 048 次，频率为 0.506 9，从而估计正面朝上的概率为 0.5。这里，4 040 次随机试验如果要在短时间内完成很不方便，即使在课堂上组织全班学生一起做试验也不是很方便。如果一个班有 40 名学生，那么每人也需要抛掷硬币 101 次，大约需要 2 分钟，而且可能状况百出。

我们其实可以用随机数来做一个模拟试验，下面我们介绍用 Excel 的随机函数完成这一模拟试验的过程：

首先，在 A1 单元格中输入"＝INT(RAND( ) ＊ 2)"，按下回车键，则在 A1 单元格中显示一个随机数 0 或 1。这里，RAND( ) 表示产生一个 0～1 之间的随机数，RAND( ) ＊ 2 则表示产生一个 0～2 之间的随机数，INT( ) 是取整函数，因而最后得到的结果是一个 0～2 间（包含 0 但不包含 2）的整数，即 0 或 1。

接着，用鼠标按住 A1 单元格右下角的填充柄，拖动至 T1 单元格，松开鼠标，在选中 A1 至 T1 单元格的状态下，再拖动至 T25 单元格，则自动填充出 500 个单元格,且每个单元格内都是随机数 0 或 1。

最后,在下方单元格 D27 中输入"＝COUNT(A1:T25)",统计所有随机数的总数;在 D28 单元格中输入"＝COUNTIF(A1:T25,0)",统计所有随机数中 0 的个数;在 D29 单元格中输入"＝D28/D27",计算 0 出现的频率。

结果如图 5-1-1 所示,而且只要刷新 Excel 表格,所有随机数都会自动更新,所有统计结果也会自动更新。这样,我们便快速完成了 500 次抛掷硬币的模拟试验。如果希望完成 1000 次甚至更多次试验,只需用同样的方法进行。

	A	B	C	D	E	F	G	H	I	J	K	L	M	N	O	P	Q	R	S	T
1	0	0	1	1	0	1	0	1	1	1	0	1	1	0	1	1	0	1	0	1
2	0	0	0	0	0	1	0	1	0	0	1	1	0	1	1	1	0	0	0	1
3	0	1	0	0	1	1	1	1	0	0	0	0	0	1	1	0	0	0	0	1
4	0	1	0	0	0	0	1	0	1	0	0	1	1	0	1	0	1	0	0	1
5	1	1	1	0	1	1	1	0	0	0	0	0	0	1	1	0	0	1	1	0
6	0	1	0	1	1	0	0	1	1	0	0	1	1	0	0	1	0	1	0	0
7	0	0	1	1	1	0	1	1	0	0	0	1	1	0	1	0	1	0	0	0
8	1	1	0	1	0	1	1	1	1	1	0	0	1	1	0	0	0	0	0	1
9	0	0	1	1	0	1	1	0	0	0	0	0	1	0	1	0	0	0	0	1
10	1	0	0	0	1	1	1	0	1	0	1	1	1	0	0	1	0	1	1	0
11	1	0	0	1	0	0	1	1	1	0	0	0	1	1	0	0	1	0	0	0
12	1	1	0	1	1	0	1	0	1	1	0	0	1	1	0	1	0	0	1	1
13	1	1	1	0	1	0	0	1	1	1	0	0	0	1	1	0	1	1	1	1
14	0	1	0	1	0	0	1	0	1	0	1	0	0	0	1	0	0	1	1	1
15	0	1	0	0	0	0	0	1	1	1	0	0	1	1	0	1	0	0	1	0
16	0	0	1	1	1	1	0	0	0	1	0	1	0	0	0	0	0	0	1	0
17	0	1	1	0	0	0	0	1	1	0	0	1	1	0	0	0	0	1	0	0
18	1	1	0	1	1	1	0	1	1	1	1	0	0	0	0	0	1	0	0	1
19	0	0	0	0	1	0	0	1	1	1	1	0	1	0	0	0	0	0	0	1
20	1	0	1	1	1	1	0	1	0	1	0	0	1	1	0	0	0	1	1	1
21	0	1	0	1	0	1	0	0	1	1	1	1	1	0	1	0	1	0	1	1
22	0	1	0	0	1	1	0	0	1	1	1	1	0	0	1	1	0	1	0	0
23	0	1	1	0	1	1	0	0	0	1	1	1	0	0	0	1	0	1	1	1
24	0	1	1	0	1	0	0	0	0	0	1	0	0	0	0	1	1	1	0	0
25	0	0	0	1	0	0	1	1	1	1	0	0	0	0	1	0	0	0	1	1
26																				
27		总数		500																
28		0的个数		248																
29		0的频率		0.496																

图 5-1-1

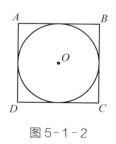

图 5-1-2

如果要做抛掷骰子的模拟试验,只需将随机函数改为"＝INT(RAND( )＊6)＋1"即可,这样便可产生 1～6 之间的整数,分别代表掷出骰子的点数。

例 2 利用概率的模拟试验估计圆周率 π 的值。

如图 5-1-2,我们可以利用几何概型概率来估计圆的面积和正方形面积之比,从而利用正方形的面积估计圆的面积,继而估计圆周率的值。

如果人工操作上述概率试验,我们可以制作一个如图 5-1-2 的模型,然后随机地往模型上撒米粒,最后统计一下落在圆内的米粒数量 m 与落在正方形内的米粒数量 n 之比,将它作为圆与正方形的面积之比,从而可列出关系式:$\dfrac{m}{n} \approx \dfrac{\pi r^2}{4r^2}$,

因此,$\pi \approx \dfrac{4m}{n}$。也就是说,我们可以用 $\dfrac{4m}{n}$ 的值估计圆周率 π 的值。

我们可以利用计算机代替上述人工操作做模拟试验。将圆心放在坐标原点,不妨设圆的半径为 1,建立一个平面直角坐标系,如图 5-1-3 所示。利用计算机产生-1~1 之间的随机数 x 和 y,统计落在圆内的点(x,y)的个数与正方形内的点的个数之比,就相当于撒米粒的数量之比。这种方法称之为蒙特卡洛方法。

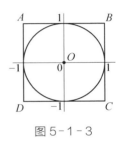

图 5-1-3

下面,我们可以用一段 Scilab 的程序语言完成上述模拟试验的过程:

```
x=rand( )*2-1;
y=rand( )*2-1;
  m=0;
  For n=1:1000
    If x^2+y^2<1 then
      m=m+1;
    End
  End
P=4*m/1000;
P
```

最后输出 P 的值,就是 π 的一个近似值。其他高级语言都可实现模拟试验,如 Visual FoxPro、Visual Basic、C 语言等。

当然,我们也可以用 Excel 进行模拟试验:如图 5-1-4,首先分别在 A1~

C1 单元格中输入 x、y、$x^\wedge 2 + y^\wedge 2$,这相当于标题;然后在 A2 和 B2 单元格中均输入"＝RAND( )＊2－1",在 C2 单元格中输入"＝A2^2＋B2^2",选中 A2～C2 单元格,拖动右下角的填充柄,往下拖动至 401 行,这样就得到了 400 个数据;最后在右边 G2 单元格中输入"＝COUNTIF(C2:C1001, "＜1")",统计出模拟数据中满足"$x^\wedge 2 + y^\wedge 2 ＜ 1$"的数据的个数,在 G3 单元格中输入"＝COUNT(C2: C1001)",统计出模拟数据的总个数,在 G4 单元格中输入"＝4＊G2/G3",计算出圆周率 π 的近似值,约为 3.14。

	A	B	C	D	E	F	G
1	x	y	x^2+y^2				
2	-0.4929641	0.75244002	0.80917959		x^2+y^2<1的数量m		314
3	0.94402569	0.76210579	1.47198973		总的数量n		400
4	0.82438369	0.49029108	0.91999381		4m/n的值		3.14
5	-0.0498267	0.00112631	0.00248397				
6	0.00427307	-0.3332999	0.11110706				
7	-0.5923074	0.68862162	0.82502774				
8	-0.2305845	-0.2963108	0.14096929				
9	-0.4067346	-0.4943122	0.40977763				
10	0.33478273	-0.2603918	0.17988337				
11	0.22440734	0.97837094	1.00756834				
12	0.45453131	-0.3258757	0.3127937				
13	-0.3764475	-0.132906	0.15937671				

图 5-1-4

刷新 Excel 表单,我们便可得到不同的近似结果。我们也可以把 Excel 表格中的随机数最后一行选中继续往下拖动,使模拟数据的总个数继续增大,并注意相应修改 G2 和 G3 单元格中的作用范围,观察模拟试验的结果变化。

信息技术在概率教学中的应用还体现在一些分布上。例如,正态分布的密度曲线、特征量、区间概率利用 GeoGebra 可以很容易显示出来。如图 5-1-5 是标准正态分布。修改平均数 μ 和标准差 σ 的值即可得到不同的正态分布,也可以修改下一行的概率区间,以得到不同区间内的概率值。这就像一个图形计算器,在教学演示中有着非常直观形象的效果。

点击密度曲线下一行"正态分布"所在的下拉框,我们还可以切换诸多的分布,包括高中阶段所学的二项分布和超几何分布,如图 5-1-6 所示。

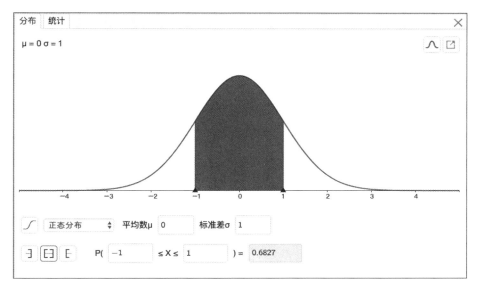

图 5-1-5

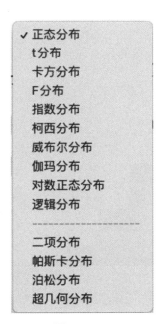

图 5-1-6

如图 5-1-7 是二项分布的界面,可以设置试验次数 n 和成功概率 p,也可以设置概率区间,在右边还显示了 $X=k$ 的概率值。

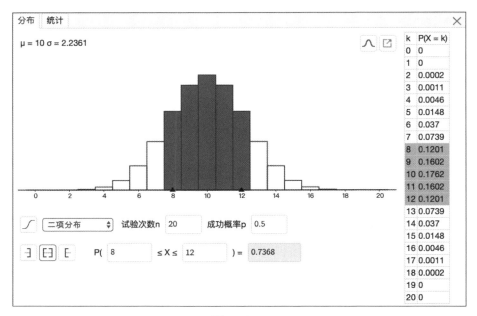

图 5-1-7

如图 5-1-8 是超几何分布的界面，同样可以设置相应的参数和概率区间。

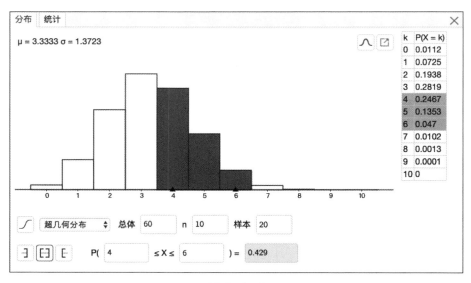

图 5-1-8

第二节　信息技术在统计中的应用

信息技术在统计中的应用更为普遍，现在有很多常用的统计软件，如 SAS、SPSS、SYSTAT、S-PLUS、Excel 等，它们都能实现常用的数据统计与图形绘制等功能。

SAS、SPSS、SYSTAT 是美国使用最为广泛的三大著名统计分析软件。

SAS 是 statistical analysis system 的缩写，意为"统计分析系统"，是目前国际上最为流行的一种大型统计分析系统，被誉为统计分析的标准软件。SAS 采用模块式设计，把数据存取、管理、分析和展现有机地融为一体，用户可根据需要选择不同的模块组合。它适用于具有不同水平经验的用户，初学者可以较快掌握其基本操作，熟练者可用于完成各种复杂的数据处理。

SPSS 是 statistical product and service solutions 的缩写，意为"统计产品与服务解决方案"，是一种集成化的计算机数据处理应用软件。与 SAS 相比，SPSS 的专业性没那么强，主要针对社会科学研究领域开发，因而更适合应用于教育科学研究，是教育科研人员必备的科研工具。SPSS 集数据录入、资料编辑、数据管理、统计分析、报表制作、图形绘制为一体。其统计功能囊括了几乎所有项目，包括常规的集中量数和差异量数、相关分析、回归分析、方差分析、卡方检验、t 检验和非参数检验，等等。

SYSTAT 全名是 the system for stat-istics，是一款强大的统计软件，具有强大的统计分析与绘图功能，它不仅提供了一般处理功能，如线性回归、方差分析和非参数检验，还提供了先进的方法，如混合模型分析、回归分析及响应面分析，等等。SYSTAT 还提供了蒙特卡洛模块，可以使用 Mersenne-Twister 随机数生成器来完成自助法和模拟任务。

S-PLUS 是一种基于 S 语言的统计学软件，主要用于数据挖掘、统计分析和统计作图等。这是一款统计学家喜爱的软件，不仅功能齐全，而且具有强大的编程功能，研究人员可以编制自己的程序来实现自己的理论和方法。允许用户从 Excel 或是 Visual Basic 应用软件中执行 S-PLUS 功能。

在数学教学中，Excel 的统计功能和绘图功能，以及 GeoGebra 软件的检验功能更加简单实用。

例 1 下面是一个班级的一次数学考试成绩：

128，135，130，134，138，136，137，141，147，124，

143，136，140，133，129，130，139，138，142，138，

127，135，132，135，144，141，134，138，139，135，

135，132，142，123，141，122，149，134，131，142。

请统计本次数学考试成绩的最高分、最低分、平均分、标准差，以及 10% 分段的人数，并画出频数分布直方图。

我们将上述 40 个数据录入到 A1～A40 这 40 个单元格中，在 D1 单元格中输入"＝MAX(A1：A40)"，统计最高分；在 D2 单元格中输入"＝MIN(A1：A40)"，统计最低分；在 D3 单元格中输入"＝AVERAGE(A1：A40)"，统计平均分；在 D4 单元格中输入"＝STDEV(A1：A40)"，统计标准差；在 D5 单元格中输入"＝COUNTIF(A1：A40，">=135")"，统计 135 分及以上的人数，其中符号"$"表示取绝对位置；在 D6 单元格中输入"＝COUNTIF(A1：A40，">=120")-COUNTIF(A1：A40，">=135")"，统计 120 分及以上、135 分以下的人数；在 D7 单元格中输入"＝COUNTIF(A1：A40，">=105")-COUNTIF(A1：A40，">=120")"，统计 105 分及以上、120 分以下的人数。结果如图 5-2-1 所示。

我们还可以用函数"＝COUNTBLANK( )"统计其中的空格个数，用函数"＝RANK(A1，A1：A40)"统计 A1 单元格中的数据在 A1～A40 单元格中的 40 个数据中的排名，用"＝MEDIAN(A1：A40)"统计数据的中位数。

选中这 40 个数据，点击"插入"菜单中的"统计 ▮▮▾"—"直方图 ▮▮▮"，即可画出这 40 名学生的数学成绩的频数分布直方图，如图 5-2-2 所示。

作频率分布直方图的过程要稍微复杂一点。下面我们介绍如何作这 40 个数学成绩的频率分布直方图：

Step1：在 A1～A40 单元格中输入 40 名学生的数学成绩，根据极差确定组数和组距，在 B2～B7 单元格中设置分组右端点，如图 5-2-3 所示。

	A	B	C	D
1	128		最高分	149
2	135		最低分	122
3	130		平均分	135.725
4	134		标准差	6.1851248
5	138		90%+	25
6	136		80%+	15
7	137		70%+	0
8	141			
9	147			
10	124			
11	143			
12	136			
13	140			
14	133			
15	129			

图 5-2-1

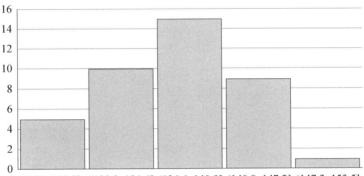

[122, 128.3]　(128.3, 134.6]　(134.6, 140.9]　(140.9, 147.2]　(147.2, 153.5]

数学成绩频数分布直方图

图 5-2-2

	A	B
1	128	分组右端点
2	135	126.5
3	130	131
4	134	135.5
5	138	140
6	136	144.5
7	137	149
8	141	
9	147	
10	124	

图 5-2-3

Step2：在菜单栏"工具"中，选择"Excel 加载项"，在弹出的对话框中，选择"分析工具库"，单击"确定"；在菜单栏"工具"中，选择"数据分析"，在弹出的对话框（如图 5-2-4）中选择"直方图"，单击"确定"，弹出对话框（如图 5-2-5）；将图 5-2-5 中的输入区域设置为 A1～A40 单元格（用鼠标拖选即可），接受区域设置为 B2～B7 单元格；输出区域设置为 C1～D6 单元格，单击"确定"，结果出现如图 5-2-6 中 C、D 列所示的数据，其中的"频率"实为"频数"。

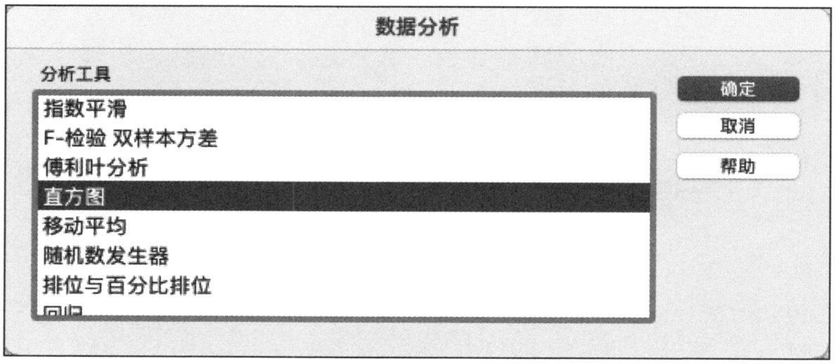

图 5-2-4

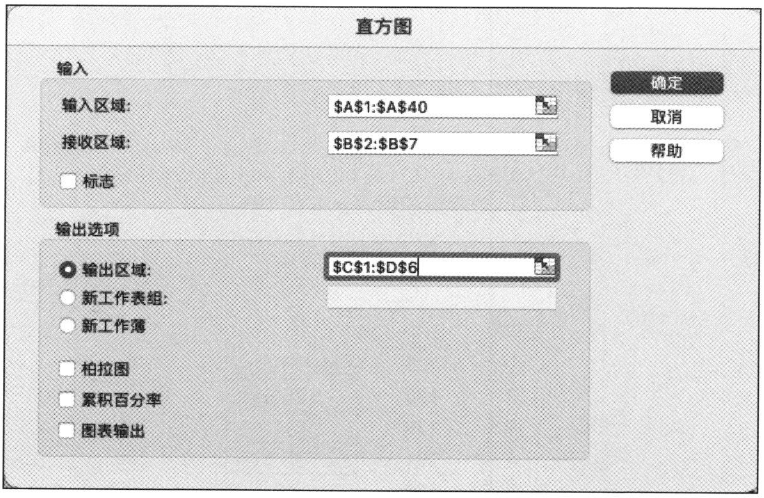

图 5-2-5

	A	B	C	D
1	128	分组右端点	接收	频率
2	135	126.5	126.5	3
3	130	131	131	6
4	134	135.5	135.5	11
5	138	140	140	10
6	136	144.5	144.5	8
7	137	149	149	2
8	141		其他	0
9	147			

图 5-2-6

Step3：在表格的 E 列计算相应的"频率"，在 F 列计算相应的"频率/组距"，可以先在 E2 单元格中输入"＝D2/40"，然后选中 E2 单元格，拖动右下角的黑十字填充柄至 E7 单元格；同样地，在 F2 单元格中输入"＝E2/4.5"，然后拖动自动填充柄至 F7 单元格，在 G2～G7 单元格中输入分组情况，结果如图 5-2-7 所示。

	A	B	C	D	E	F	G
1	128	分组右端点	接收	频率	频率	频率/组距	分组
2	135	126.5	126.5	3	0.075	0.0166667	[122,126.5)
3	130	131	131	6	0.15	0.0333333	[126.5,131)
4	134	135.5	135.5	11	0.275	0.0611111	[131,135.5)
5	138	140	140	10	0.25	0.0555556	[135.5,140)
6	136	144.5	144.5	8	0.2	0.0444444	[140,144.5)
7	137	149	149	2	0.05	0.0111111	[144.5,149]
8	141		其他	0			
9	147						

图 5-2-7

选中 F2～G7 单元格，在菜单栏"插入"中，选择"图表"—"柱形图"，在生成的柱形图中点击右键，或在工具栏中直接打开"选择数据"菜单，在弹出的对话框(如图 5-2-8)中将名称设置为"频率分布直方图"，Y 值设置为"＝Sheet2! \$F \$2：\$F \$7"(用鼠标拖选即可，后同)，水平(分类)轴标签设置为"＝Sheet2! \$G \$2：\$G \$7"，单击"确定"按钮，即可得到频率分布直方图，如图 5-2-9 所示。

我们还可以把频率分布直方图作一些美化。首先在"图表设计"选项卡中给频率分布直方图选择一个合适的布局，然后选中一个小柱形点击右键，选择"设置

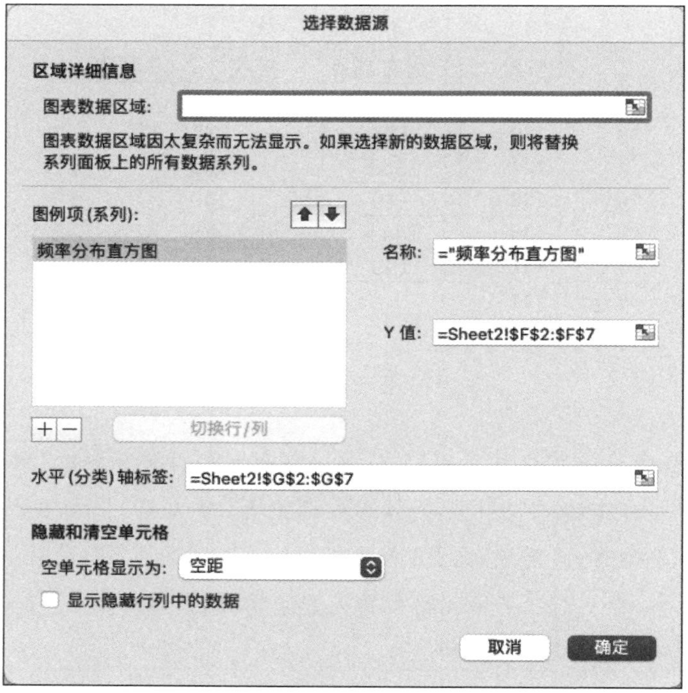

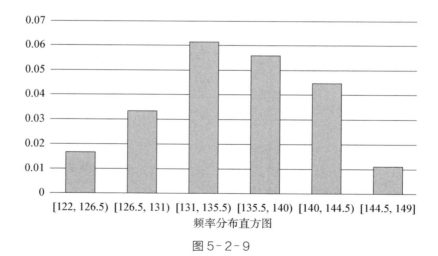

图 5-2-8

图 5-2-9

数据系列格式"菜单,将"填充"设置为"依数据点着色"(如图5-2-10(1)所示),将"系列选项"中的"系列重叠"和"间隙宽度"均设置为"0％"(如图5-2-10(2)所示),得到的频率分布直方图,如图5-2-11所示。

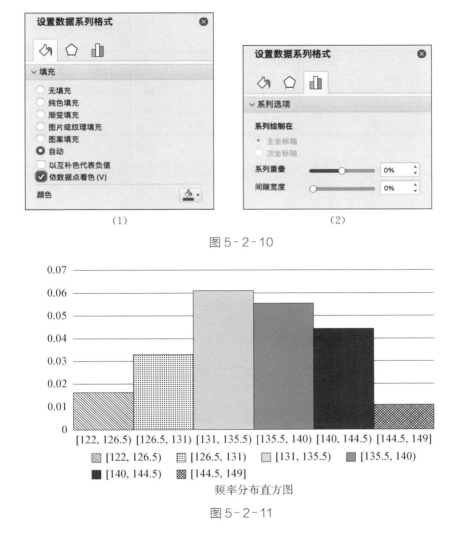

（1）　　　　　　　　　　　　　　　　　　（2）

图 5-2-10

频率分布直方图

图 5-2-11

例 2　为加强环境保护，治理空气污染，环境监测部门对某市空气质量进行调研，随机抽查了 100 天空气中的 $PM_{2.5}$ 和 SO_2 浓度（单位：$\mu g/m^3$），得下表：

PM₂.₅ \ SO₂	$[0，50]$	$(50，150]$	$(150，475]$
$[0，35]$	32	18	4
$(35，75]$	6	8	12
$(75，115]$	3	7	10

根据所给数据，完成下面的 2×2 列联表：

SO₂ PM₂.₅	[0，150]	(150，475]
[0，75]		
(75，115]		

根据上面的 2×2 列联表，判断是否有 99% 的把握认为该市一天空气中 PM₂.₅ 浓度与 SO₂ 浓度有关？

附：$K^2 = \dfrac{n(ad-bc)^2}{(a+b)(c+d)(a+c)(b+d)}$。

$P(K^2 \geqslant k)$	0.050	0.010	0.001
k	3 841	6.635	10.828

我们先对本题作出解答：由调查数据，我们容易得到 2×2 列联表：

SO₂ PM₂.₅	[0，150]	(150，475]	合计
[0，75]	64	16	80
(75，115]	10	10	20
合计	74	26	100

根据附录提供的卡方计算公式，有：

$$K^2 = \frac{n(ad-bc)^2}{(a+b)(c+d)(a+c)(b+d)} = \frac{100 \times (64 \times 10 - 16 \times 10)^2}{80 \times 20 \times 74 \times 26}$$

$$= \frac{3\,600}{481} \approx 7.484\,4 > 6.635,$$

根据临界值表可知，有 99% 的把握认为该市一天空气中 PM₂.₅ 浓度与 SO₂ 浓度有关。

下面，我们介绍信息技术在解决这个问题中的应用：

利用 Excel 可以简单制作一个二维表，利用卡方的计算公式和 Excel 的计算功能即可完成卡方的求解。如图 5-2-12，在 C1 单元格中输入"= A1＋B1"，在 C2 单元格中输入"＝A2＋B2",在 A3 单元格中输入"＝A1＋A2",在 B3 单元格中输入"＝B1＋B2",在 C3 单元格中输入"＝A3＋B3"(或将 C2 或 B2 右下角的填充柄拖动至 C3 亦可),在 B5 单元格中输入"＝C3＊(A1＊B2－B1＊A2)^2/(C1＊C2＊A3＊B3)"。在 A1～B2 四个单元格中输入数值后,B5 单元格中自动显示卡方的结果。

	A	B	C
1	64	16	80
2	10	10	20
3	74	26	100
4			
5	卡方	7.484407484	

图 5-2-12

在 Excel 中可以利用函数 CHITEST 完成 p 值的计算。

用 Excel 进行卡方检验时,数据的输入方式按实际值和理论值分别输入四个单元格,如图 5-2-13 所示。

	A	B	C	D
1	实际值	发生	不发生	合计
2	A组	64	16	80
3	B组	10	10	20
4	合计	74	26	100
5				
6	理论值	59.2	20.8	
7		14.8	5.2	
8				
9	p值	0.00622355		

图 5-2-13

实际值的 A、B 两组数据分别输入到 B2:C3 单元格中,D2 和 D3 单元格中为实际值的行和,B4 和 C4 单元格中为实际值的列和,D4 单元格中为实际值的总和。理论值存放在 B6:C7 单元格中。其中 B6 单元格中输入"＝(B2＋C2)＊(B2＋B3)/D4",B7 单元格中输入"＝(B3＋B2)＊(B3＋C3)/D4",C6 单元格中输入"＝(C2＋B2)＊(C2＋C3)/D4",C7 单元格中输入"＝(C3＋B3)＊(C3＋C2)/D4",单元格 B9 中存放概率 p 值的计算结果。

在 B9 单元格中输入"＝CHITEST(B2：C3, B6：C7)",其中 B2：C3 表示"Actual_range"项的起始单元格和结束单元格的行列号,B6：C7 表示

"Expected_range"项的起始单元格和结束单元格的行列号。在数据输入完毕后，p 值的计算结果立即显示在 B9 单元格中。

利用 GeoGebra 计算卡方与概率 p 值特别快捷，我们只需在统计区选择"卡方检验"，设置为 2 行 2 列，输入相应数据即可直接得到结果，如图 5-2-14 所示，卡方为 7.484 4，概率为 0.006 2。

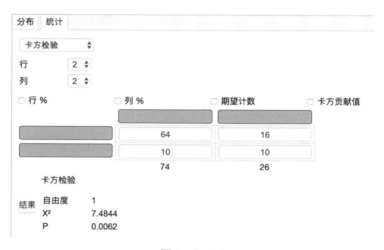

图 5-2-14

除了卡方检验，GeoGebra 还可以做 t 检验、z 检验等，点开图 5-2-14 中"卡方检验"的下拉框，可以看到其他选项，如图 5-2-15 所示。

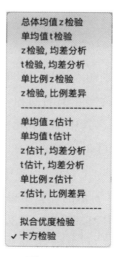

图 5-2-15

例3 PM$_{2.5}$(细颗粒物)是指空气中直径小于或等于2.5微米的颗粒物(也称可入肺颗粒物)。为了探究车流量与PM$_{2.5}$的质量分数是否相关,现采集到某城市周一至周五某一时间段车流量与PM$_{2.5}$的数据如下表所示:

时间	周一	周二	周三	周四	周五
车流量 x(万辆)	50	51	54	57	58
PM$_{2.5}$的质量分数 y(微克/立方米)	69	70	74	78	79

(1) 根据表中数据,请在平面直角坐标系中画出散点图;

(2) 根据表中数据,用最小二乘法求出 y 关于 x 的线性回归方程 $\hat{y}=\hat{b}x+\hat{a}$;

(3) 若周六同一时间段车流量是 25 万辆,试根据(2)中求出的线性回归方程预测当时 PM$_{2.5}$ 的质量分数(结果保留整数)。

参考公式:$\hat{b}=\dfrac{\sum\limits_{i=1}^{n}(x_i-\bar{x})(y_i-\bar{y})}{\sum\limits_{i=1}^{n}(x_i-\bar{x})^2}=\dfrac{\sum\limits_{i=1}^{n}x_iy_i-n\bar{x}\bar{y}}{\sum\limits_{i=1}^{n}x_i^2-n\bar{x}^2}$,$\hat{a}=\bar{y}-\hat{b}\bar{x}$。

我们首先利用 Excel 来画散点图。在 Excel 中输入上表中的数据,选中这个 2 行 5 列的数据表,打开"插入"菜单中的"图表"—"XY(散点图)",即可画出一个 PM$_{2.5}$ 关于车流量的散点图,修改标题,结果如图 5-2-16 所示。

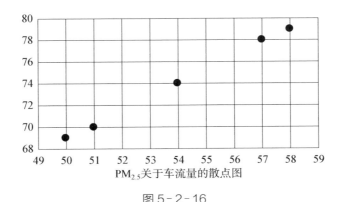

图 5-2-16

选中图中任何一个散点,点击右键,打开"添加趋势线"快捷菜单,在弹出的对话框(如图 5-2-17)中,将"趋势线选项"设置为"线性",并勾选上"显示公式"和

"显示 R 平方值",得到结果如图 5-2-18 所示,其中回归直线的方程为 $y = 1.28x + 4.88$,相关系数 R 的平方值为 0.999。

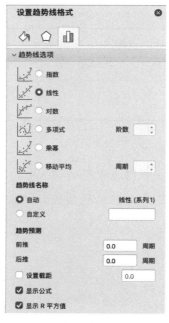

图 5-2-17

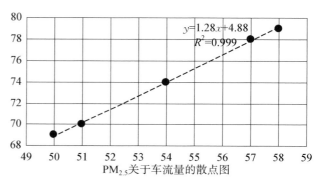

PM$_{2.5}$关于车流量的散点图

图 5-2-18

周六同一时间段车流量是 25 万辆,则可预测当时 PM$_{2.5}$ 的质量分数为 $1.28 \times 25 + 4.88 \approx 37$。

如果不用信息技术求解,那就要用基本线性回归公式求回归直线的方程了。

第六章 信息技术在数学活动教学中的应用

第一节 信息技术在数学建模活动中的应用

数学建模是根据实际问题建立数学模型,对数学模型进行求解,然后根据结果去解决实际问题的过程。

当需要从定量的角度分析和研究一个实际问题时,人们就要在深入调查研究、了解对象信息、作出简化假设、分析内在规律等工作的基础上,用数学的符号和语言表述建立数学模型、求解数学模型、解释数学模型的过程。

《普通高中数学课程标准(2017 年版)》中明确指出,数学建模是对现实问题进行数学抽象,用数学语言表达问题、用数学方法构建模型解决问题的素养。这一说法与我们一般谈及的数学建模不太一样,它把数学建模定位为中学生的数学核心素养之一。

数学建模过程主要包括:在实际情境中从数学的视角发现问题、提出问题,分析问题、建立模型,确定参数、计算求解,检验结果、改进模型,最终解决实际问题。一般地,数学建模经历模型假设、模型建立、模型求解、模型检验、模型改进、模型评估等环节,也正逐步趋于完善。在这一过程中,模型假设与建立和模型改进与评估非常重要,它们是模型有效性的关键环节。

信息技术在数学建模过程中的应用非常广泛。在数学建模过程中,建立模型、计算求解、检验结果等过程都可以很好地与信息技术融合。这不仅可以较大程度地减轻人工计算量,而且可以提供一些模拟拟合工具。

中小学阶段的数学建模活动要求不像大学那么高,也没那么复杂。对于从实际问题中提炼出的函数模型、方程模型、不等式模型、立体模型、三角模型、概率模型等都是有效的数学建模。所以,我们在学习完一个阶段主题的基础上,可以给学生一个数学建模的实践活动,进一步提升学生的数学素养。

上一节的概率统计中的回归直线方程的建立过程其实就是一个非常好的数学建

模过程。让学生体会其中的数学思想与方法比知道如何求解线性回归直线方法更有意义。与之类似,函数拟合过程也是一个非常好的建模过程。我们一起来看一个例子。

例 "数学建模活动:生长规律的描述"教学设计摘录。

4.7 数学建模活动: 生长规律的描述

教学设计:吴中才 中国人民大学附属中学
审核指导:张 鹤 北京市海淀区教师进修学校

◆ **教学目标:**

1. 经历从实际问题建立数学模型、运算求解、验证模型、改进模型的全过程,掌握建模方法以及论文写作方法,培养数学建模、数学运算等核心素养;

2. 在数学建模过程中,选择适当的拟合函数,巩固函数概念以及在对基本初等函数增长速度的比较与甄别中渗透待定系数法与方程思想。

◆ **教学重点:**

数学建模的全过程。

◆ **教学难点:**

选择适当的拟合函数与改进模型。

◆ **教学过程:**

一、发现问题、提出问题

生物的生长发育是一个连续的过程,但不同的时间段可能有不同的增长速度。

卫生部 2009 年 6 月发布的《中国 7 岁以下儿童生长发育参照标准》中指出,我国 7 岁以下女童身高(长)的中位数如下表所示(0 岁指刚出生时):

年龄/岁	0	0.5	1	1.5	2	2.5	3
身高/cm	49.7	66.8	75	81.5	87.2	92.1	96.3
年龄/岁	3.5	4	4.5	5	5.5	6	6.5
身高/cm	99.4	103.1	106.7	110.2	113.5	116.6	119.4

◆ 交流与讨论 1：

① 这个问题中涉及两个量——年龄和身高，你能否用自己的语言描述这两个量之间的关系？

② 这两个量之间的关系是不是函数关系？为什么？

③ 如果是函数关系，哪个是自变量？哪个是因变量？定义域和值域分别是什么？有什么性质？你能否写出一个函数解析式表示这个关系？

【设计意图】

从实际问题出发，引导学生发现问题、提出问题，从概念及表示方法上引导学生深入思考问题，为解决问题做铺垫。

二、分析问题、建立模型

◆ 交流与讨论 2：

① 你认为应该怎样选择函数模型来刻画年龄和身高之间的变化关系？

我们可以先画出它的图象（如图 6-1-1），从直观上看看像什么函数：

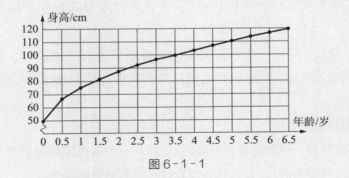

图 6-1-1

② 我们学过一些什么函数？

预设答案：幂函数（包括一次函数、二次函数、反比例函数等）、指数函数、对数函数。还可能有答案：分段函数。

③ 你觉得这个图象最像什么函数的图象？你能大概写出它的解析

式吗？

预设答案：幂函数、对数函数。教学中，结合函数图象的变换，进一步引导学生写出函数解析式的待定形式：$f_1(x)=ax^{\frac{m}{n}}+b$，$f_2(x)=b\log_a(x+1)+c(a>1)$。还可以引导学生思考：指数函数 $f_3(x)=b-a^{x+c}(0<a<1)$ 与这两个模型相比呢？

【设计意图】

从列表法到图象法表示函数，再到解析法表示函数，进一步巩固用函数刻画生长变化规律的基本思路——用解析式来拟合数据与图象，这是一个逆过程，需要直观选择、模型对比、调整改进。这一过程为后面运算求解模型、改进模型埋下了伏笔。

三、确定参数、计算求解

◆ 交流与讨论 3：

① 如果选择 $f_1(x)=ax^{\frac{m}{n}}+b$，你怎么确定指数 $\frac{m}{n}$？怎么确定 a 和 b？如果选择 $f_2(x)=b\log_a(x+1)+c(a>1)$，你怎么确定底数 a 和系数 b？

② 请大家选择一个函数模型，各自选择适当的数据求出函数解析式。

③ 分别针对同一个函数模型的求解结果进行交流、对比，借助图象，凭直觉初步感知同一模型不同结果的优劣，以及不同模型刻画数据的优劣。

【设计意图】

通过选择不同的函数模型，以及选择同一个函数模型而选择不同的数据求出待定系数，让学生体会拟合过程需要改进的必要性。

四、验证结果、改进模型

因为我们在求函数解析式时，都只用到了部分已有数据，而其他数据一般不可能与所求出的解析式完全吻合，所以我们需要验证所建立的函数模型的优劣。

◆ 交流与讨论4:

① 你认为怎么验证函数模型?(从上述两类函数模型中,选择大家认为拟合较好的两个函数 $f_1(x)$ 和 $f_2(x)$,列表、画图象,验证函数模型。)

预设答案:一是从已有数据中找出没有使用的数据代入函数解析式,看误差有多大,或者直接列成下表,将函数值与原有数据一一比对;二是在原来的图象中再画出所求函数的图象,看这两个图象的偏差有多大。

年龄/岁	0	0.5	1	1.5	2	2.5	3
身高/cm	49.7	66.8	75	81.5	87.2	92.1	96.3
$f_1(x)$							
$f_2(x)$							
年龄/岁	3.5	4	4.5	5	5.5	6	6.5
身高/cm	99.4	103.1	106.7	110.2	113.5	116.6	119.4
$f_1(x)$							
$f_2(x)$							

图 6-1-2 是 $f_1(x)=26.7\sqrt{x}+49.7$ 和 $f_2(x)=97.1\lg(x+1)+49.7$ 的图象。

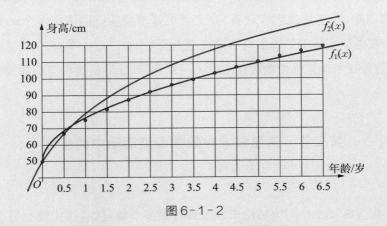

图 6-1-2

② 你认为应该从哪些方面改进函数模型？

预设答案：一是改进所选函数类型，二是改进函数中的参数。具体改进方法最好是结合直观的函数图象与数学运算，不断进行调整。若利用计算机辅助改进，则效果最佳。

【设计意图】

通过计算和图象比对看误差与偏差，验证函数模型的优劣，让学生体会到建立函数模型过程只有更好，没有最好。改进函数模型也往往需要将直观与计算结合起来，因为仅凭感觉调整一个系数可能会影响原本拟合较好的数据。

在上述建模过程中，信息技术可以较好地发挥其作用。在"分析问题、建立模型"环节，先根据所给数据画出函数"图象"就能较好地发挥信息技术的作用，用几何画板或 GeoGebra 都可以很方便地进行描点和连线；在函数拟合过程中，我们也可以用信息技术画出这些拟合函数的图象，从直观上看一看哪一个函数模型的拟合效果最佳；在"验证结果、改进模型"环节，更能较好地发挥信息技术的作用，首先我们可以方便地利用信息技术的计算功能，验算一些给出点的函数值与模型对比，看偏差有多大，以便改进模型，调整模型中的系数，让函数的拟合度更高。

有了较好的问题分析基础，有了较理想的函数模型架构，借助信息技术的计算和画图功能，既能让我们省时省力，又能更好地检验我们脑中多个函数模型的合适性。在生活实际中的函数模型往往更为复杂，要建立一个好的模型需要不断地调整，信息技术就像是给函数建模插上一双翅膀，让建模过程更加方便。

第二节　信息技术在数学探究活动中的应用

数学探究活动往往因为结论未知而具有很多不确定性，这比解一道确定的数学题难很多，也不知道能不能出来一个正确的结论。所以在数学探究活动中，信息技术的辅助作用就更加显著。我们往往可以借助信息技术对数学结论加以验证，当我们找不出反例时，便可尝试对结论进行严格的数学证明；当能找到反例时，可以尝试将命题的结论进行改正或弱化。这对我们发现新的数学结论有着非常大的辅助作用。

例　均值不等式的拓展探究活动。

我们有几位老师曾经同时上过一节同课异构的课《均值不等式》（前文第三章第四节"估计不等关系"中已有部分介绍），不同的老师有不同的教学设计。有一位老师的教学设计是从我国古代数学史中的意义展开的：二元算术均值 $\dfrac{a+b}{2}(a、b \in \mathbf{R}^+)$ 可以看成与边长分别为 a、b 的长方形等周长的正方形的边长，二元几何均值 $\sqrt{ab}\,(a、b \in \mathbf{R}^+)$ 则可以看成与边长分别为 a、b 的长方形等面积的正方形的边长，前者大于等于后者。

我们当时提出一个数学问题：三元情况如何呢？三元算术均值 $\dfrac{a+b+c}{3}(a、$ $b、c \in \mathbf{R}^+)$ 可以看成与棱长分别为 a、b、c 的长方体等周长（指所有棱长之和相等）的正方体的棱长，三元几何均值 $\sqrt[3]{abc}\,(a、b、c \in \mathbf{R}^+)$ 则可以看成与棱长分别为 a、b、c 的长方体等体积的正方体的棱长。那么，与棱长分别为 a、b、c 的长方体等表面积的正方体的棱长 $\sqrt{\dfrac{ab+bc+ac}{3}}$ 与 $\dfrac{a+b+c}{3}$ 和 $\sqrt[3]{abc}$ 有何关系呢？

我们利用 GeoGebra 中的参数滑动杆可以简单探究一下这三个量之间的大小关系：

如图 6-2-1(1)，我们先建立三个参数 a、b、c，它们的变化范围均设置为 $0\sim10$，然后计算 $d = \dfrac{a+b+c}{3}$，$e = \sqrt[3]{abc}$，$f = \sqrt{\dfrac{ab+bc+ac}{3}}$，再让三个参数 a、b、c 的值动态变化起来（分别点击参数滑动杆右边的播放按钮即可），观察 d、e、f 的大小关系。如图 6-2-1(2) 所示，我们发现总有 $d > f > e$ 成立。

通过上面的验证操作，我们猜想 $\dfrac{a+b+c}{3} \geqslant \sqrt{\dfrac{ab+bc+ac}{3}} \geqslant \sqrt[3]{abc}$ 成立。四元的情形如何呢？n 元的情形呢？究竟如何证明我们提出的猜想呢？

最后，我们将上面的探究过程整理成了一篇文章发表出来。全文如下：

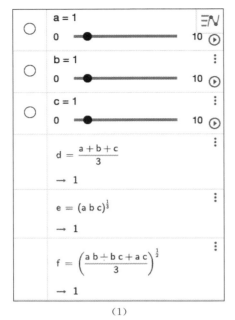

（1）　　　　　　　　　　　　　（2）

图 6-2-1

算术—几何均值不等式的一个美妙隔离

中国人民大学附属中学　100080　吴中才
中国人民大学附属中学分校　100086　殷力鹰

摘要： 二元与三元的算术均值与几何均值都有着一定的几何意义，而且它们之间存在着确定的大小关系。特别是三元算术均值与几何均值之间还存在一个等表面积的正方体的棱长隔离，将这一关系推广到 n 元（$n \geqslant 4$，$n \in \mathbf{N}$）的情形，便得到一般算术 — 几何均值不等式的一个隔离。

关键词： 算术—几何均值不等式，算术均值，几何均值

二元算术均值 $\dfrac{a+b}{2}$（a、$b \in \mathbf{R}^+$）可以看成与边长分别为 a、b 的长方形等周长的正方形的边长，二元几何均值 $\sqrt{ab}$（a、$b \in \mathbf{R}^+$）则可以看成与边长分别为 a、b 的长方形等面积的正方形的边长。

三元算术均值 $\frac{a+b+c}{3}(a、b、c \in \mathbf{R}^+)$ 可以看成与棱长分别为 a、b、c 的长方体等周长（指所有棱长之和相等）的正方体的棱长，三元几何均值 $\sqrt[3]{abc}(a、b、c \in \mathbf{R}^+)$ 则可以看成与棱长分别为 a、b、c 的长方体等体积的正方体的棱长。那么，与棱长分别为 a、b、c 的长方体等表面积的正方体的棱长 $\sqrt{\frac{ab+bc+ac}{3}}$ 与 $\frac{a+b+c}{3}$ 和 $\sqrt[3]{abc}$ 有何关系呢？经研究，我们发现：

定理1 如果 $a、b、c \in \mathbf{R}^+$，那么 $\frac{a+b+c}{3} \geqslant \sqrt{\frac{ab+bc+ac}{3}} \geqslant \sqrt[3]{abc}$，当且仅当 $a=b=c$ 时，等号成立。

证明： 因为 $a、b、c \in \mathbf{R}^+$，所以 $\frac{a+b+c}{3} \geqslant \sqrt{\frac{ab+bc+ac}{3}} \Leftrightarrow$ $(a+b+c)^2 \geqslant 3(ab+bc+ca) \Leftrightarrow a^2+b^2+c^2 \geqslant ab+bc+ca \Leftrightarrow$ $(a-b)^2+(b-c)^2+(c-a)^2 \geqslant 0$，该不等式恒成立，当且仅当 $a=b=c$ 时，等号成立。

我们已经知道：$\frac{a+b+c}{3} \geqslant \sqrt[3]{abc}$。由此可得

$$\sqrt{\frac{ab+bc+ac}{3}} \geqslant \sqrt{\frac{3\sqrt[3]{(abc)^2}}{3}} = \sqrt[3]{abc}$$，当且仅当 $a=b=c$ 时，等号成立。

综上可知，定理1得证。

定理1是三元算术—几何均值不等式的一个隔离。同样，我们可以得到四元算术—几何均值不等式的一个隔离。为了方便，本文用 $\sum_n a_1a_2\cdots a_k$ 表示从 $a_i(i=1, 2, \cdots, n)$ 中任选 k 个数的乘积之和。特别地，用 $\sum_4 ab$、$\sum_4 abc$ 分别表示从 a、b、c、d 中任选两个、三个数的乘积之和，即 $\sum_4 ab = ab+ac+ad+bc+bd+cd$，$\sum_4 abc = abc+abd+acd+bcd$。

定理2 如果 a、b、c、$d \in \mathbf{R}^+$，那么 $\dfrac{a+b+c+d}{4} \geqslant \sqrt{\dfrac{\sum_4 ab}{6}} \geqslant$

$\sqrt[3]{\dfrac{\sum_4 abc}{4}} \geqslant \sqrt[4]{abcd}$，当且仅当 $a=b=c=d$ 时，等号成立。

证明： 仿照定理 1 的证明，很容易证明 $\dfrac{a+b+c+d}{4} \geqslant \sqrt{\dfrac{\sum_4 ab}{6}}$

和 $\sqrt[3]{\dfrac{\sum_4 abc}{4}} \geqslant \sqrt[4]{abcd}$，当且仅当 $a=b=c=d$ 时，等号成立。

下面证明：$\sqrt{\dfrac{\sum_4 ab}{6}} \geqslant \sqrt[3]{\dfrac{\sum_4 abc}{4}}$，当且仅当 $a=b=c=d$ 时，等号成立。

令函数 $f(x)=(x-a)(x-b)(x-c)(x-d)$，对 $f(x)$ 进行求导得到：

$$f'(x)=(x-a)(x-b)(x-c)+(x-a)(x-b)(x-d)$$
$$+(x-a)(x-c)(x-d)+(x-b)(x-c)(x-d)$$
$$=4x^3-3(a+b+c+d)x^2+2(ab+ac+ad$$
$$+bc+bd+cd)x-(abc+bcd+cda+dab),$$

先不妨设 $0<a<b<c<d$，则

$$f'(a)=(a-b)(a-c)(a-d)<0,$$
$$f'(b)=(b-a)(b-c)(b-d)>0,$$
$$f'(c)=(c-a)(c-b)(c-d)<0,$$
$$f'(d)=(d-a)(d-b)(d-c)>0,$$

所以 $f'(x)$ 在区间 (a,b)、(b,c)、(c,d) 内分别有且仅有一根，记这三个根分别为 x_1、x_2、x_3，则 $f'(x)=4(x-x_1)(x-x_2)(x-x_3)$，其中 x_1、x_2、x_3 两两不相等，于是

$$x_1 \cdot x_2 \cdot x_3 = \dfrac{(abc+bcd+cda+dab)}{4},$$

$$x_1 \cdot x_2 + x_2 \cdot x_3 + x_1 \cdot x_3 = \frac{2(ab+ac+ad+bc+bd+cd)}{4}$$

$$= \frac{(ab+ac+ad+bc+bd+cd)}{2},$$

由三元算术—几何均值不等式,得

$$\frac{x_1 \cdot x_2 + x_2 \cdot x_3 + x_1 \cdot x_3}{3} \geqslant \sqrt[3]{x_1^2 \cdot x_2^2 \cdot x_3^2} \quad ①,$$

开平方即得：$\sqrt{\dfrac{\sum_4 ab}{6}} \geqslant \sqrt[3]{\dfrac{\sum_4 abc}{4}}$ ②,但等号不成立。

再看等号成立的条件：在①式中,当且仅当 $x_1 = x_2 = x_3$ 时,等号成立。而 $x_1 = x_2 = x_3 \Leftrightarrow a = b = c = d$（证明留给读者完成）。因此,在②式中,当且仅当 $a = b = c = d$ 时,等号成立。

综上可知,定理 2 得证。

在此基础上,我们不难得到 n 元($n \geqslant 2$, $n \in \mathbf{N}_+$)算术—几何均值不等式的一个隔离：

定理 3　如果 $a_1, a_2, \cdots, a_n \in \mathbf{R}^+, n \geqslant 2, n \in \mathbf{N}_+$,那么

$$\frac{a_1 + a_2 + \cdots + a_n}{C_n^1} \geqslant \sqrt{\frac{\sum_n a_1 a_2}{C_n^2}} \geqslant \sqrt[3]{\frac{\sum_n a_1 a_2 a_3}{C_n^3}} \geqslant \cdots \geqslant \sqrt[n]{a_1 a_2 \cdots a_n},$$

当且仅当 $a_1 = a_2 = \cdots = a_n$ 时,等号成立。

证明： 这里只证明 $\left(\dfrac{\sum_n a_1 a_2 \cdots a_k}{C_n^k}\right)^{\frac{1}{k}} \geqslant \left(\dfrac{\sum_n a_1 a_2 \cdots a_{k+1}}{C_n^{k+1}}\right)^{\frac{1}{k+1}}$,其中

$k = 2, 3, \cdots, n-2$,当且仅当 $a_1 = a_2 = \cdots = a_n$ 时,等号成立。另两个不等式可以仿照前面的证法完成。

对 $n(n \geqslant 2, n \in \mathbf{N}_+)$ 用数学归纳法：

当 $n = 2$ 时,结论显然成立；

假设当 $n = m$ 时,结论成立,

即 $\left(\dfrac{\sum_m a_1 a_2 \cdots a_k}{C_m^k}\right)^{\frac{1}{k}} \geqslant \left(\dfrac{\sum_m a_1 a_2 \cdots a_{k+1}}{C_m^{k+1}}\right)^{\frac{1}{k+1}}$。

则当 $n = m + 1$ 时，

令函数 $f(x) = (x - a_1)(x - a_2) \cdots (x - a_{m+1})$，对 $f(x)$ 进行求导得到：

$$f'(x) = \sum_{i=1}^{m+1} \frac{f(x)}{x - a_i} = (m+1)x^m + \sum_{i=1}^{m} (-1)^i \cdot$$

$$(m - i + 1) \cdot \left(\sum_{m+1} a_1 a_2 \cdots a_i \right) x^{m-i},$$

其中 $\sum_{m+1} a_1 a_2 \cdots a_i$ 表示从 $a_i (i = 1, 2, \cdots, m+1)$ 中任选 i 个数的乘积之和。

先不妨设 $0 < a_1 < a_2 < \cdots < a_{m+1}$，则

$$f'(a_1) = (a_1 - a_2)(a_1 - a_3) \cdots (a_1 - a_{m+1}),$$

$$f'(a_{m+1}) = (a_{m+1} - a_1)(a_{m+1} - a_2) \cdots (a_{m+1} - a_m),$$

$$f'(a_i) = (a_i - a_1)(a_i - a_2) \cdots (a_i - a_{i-1})(a_i - a_{i+1}) \cdots$$

$$(a_i - a_{m+1}), \quad i = 2, 3, \cdots, m。$$

根据 $f'(a_i)(i = 2, 3, \cdots, m)$ 的符号可知，$f'(x)$ 在区间 (a_1, a_2)，(a_2, a_3)，$\cdots$，(a_m, a_{m+1}) 上分别有且仅有一根，记这 m 个根分别为 x_1，x_2，$\cdots$，x_m，则 $f'(x) = (m+1)(x - x_1)(x - x_2) \cdots (x - x_m)$，其中 x_1，x_2，$\cdots$，x_m 两两不等。分别对照 $f'(x)$ 两种表达式中 x^{m-k} 和 x^{m-k-1} 的系数，得：

$$(m - k + 1) \sum_{m+1} a_1 a_2 \cdots a_k = (m+1) \sum_m x_1 x_2 \cdots x_k,$$

$$(m - k) \sum_{m+1} a_1 a_2 \cdots a_{k+1} = (m+1) \sum_m x_1 x_2 \cdots x_{k+1},$$

即：$\displaystyle \sum_m x_1 x_2 \cdots x_k = \frac{(m - k + 1) \sum_{m+1} a_1 a_2 \cdots a_k}{m + 1}$，

$$\sum_m x_1 x_2 \cdots x_{k+1} = \frac{(m - k) \sum_{m+1} a_1 a_2 \cdots a_{k+1}}{m + 1}。$$

由假设知，$\left(\dfrac{\sum_m x_1 x_2 \cdots x_k}{C_m^k}\right)^{\frac{1}{k}} \geqslant \left(\dfrac{\sum_m x_1 x_2 \cdots x_{k+1}}{C_m^{k+1}}\right)^{\frac{1}{k+1}}$ ③，

于是，有 $\left(\dfrac{(m-k+1)\sum_{m+1} a_1 a_2 \cdots a_k}{(m+1)\cdot C_m^k}\right)^{\frac{1}{k}} \geqslant \left(\dfrac{(m-k)\sum_{m+1} a_1 a_2 \cdots a_{k+1}}{(m+1)\cdot C_m^{k+1}}\right)^{\frac{1}{k+1}}$，

即：$\left(\dfrac{\sum_{m+1} a_1 a_2 \cdots a_k}{C_{m+1}^k}\right)^{\frac{1}{k}} \geqslant \left(\dfrac{\sum_{m+1} a_1 a_2 \cdots a_{k+1}}{C_{m+1}^{k+1}}\right)^{\frac{1}{k+1}}$ ④，但等号不

成立。

再看等号成立的条件：在③式中，当且仅当 $x_1 = x_2 = \cdots = x_m$ 时，等号成立。而 $x_1 = x_2 = \cdots = x_m \Leftrightarrow a_1 = a_2 = \cdots = a_{m+1}$（证明留给读者完成）。因此，在④式中，当且仅当 $a_1 = a_2 = \cdots = a_{m+1}$ 时，等号成立。

综上所述，对任意 $n(n \geqslant 2,\ n \in \mathbf{N}_+)$ 命题均成立。

例　（1964 年匈牙利数学竞赛试题）证明：对任意正数 a、b、c、d 都有

$$\sqrt{\dfrac{a^2 + b^2 + c^2 + d^2}{4}} \geqslant \sqrt[3]{\dfrac{abc + abd + acd + bcd}{4}}。$$

证明：　由 $Q_4 \geqslant A_4$ 及定理 2 即可得证。

（本文 2016 年发表于《中学数学研究（华南师范大学版）》）

在上述探究过程中，信息技术帮助我们验证结论，从而让我们提出有效的数学猜想，然后再进行严格的数学证明。这也是我们进行数学研究的重要思路。

第三节　信息技术在综合与实践活动中的应用

在《义务教育数学课程标准(2011 年版)》中,三个学段的课程内容都包含"综合与实践"这部分内容。在"实施建议"的"教学建议"部分中指出,"综合与实践"的实施是以问题为载体、以学生自主参与为主的学习活动。它有别于学习具体知识的探索活动,更有别于课堂上教师的直接讲授。它是教师通过问题引领、学生全程参与、实践过程相对完整的学习活动。

在综合与实践活动中,信息技术的应用主要是给学生提供一种辅助作用。学生需要掌握一定的数学知识和信息技术使用技能。

例 1　直觉的误导。

有一张 8 cm×8 cm 的正方形纸片,面积是 64 cm²。把这张纸片按图 6-3-1 所示剪开,把剪出的 4 个小块按图 6-3-2 所示重新拼合,这样就得到了一个长为 13 cm、宽为 5 cm 的长方形,面积是 65 cm²。这是可能的吗?

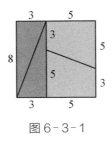

图 6-3-1

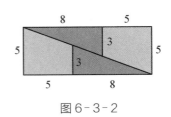

图 6-3-2

这是义务教育数学课程标准上所给的一个综合与实践的例子,这也是一个直觉与逻辑不相符的例子。学生如果拿纸片来裁剪,不可避免的问题是实物裁剪带来的误差。原本就很容易产生错觉,加之有一定的误差,就更难发现其中的错误了。如果借助信息技术加以验证,可能比较容易发现其中的"漏洞"。

如图 6-3-3,先画出图 6-3-1 所示的正方形 $ABCD$:描出点 $A(0,0)$、$B(8,0)$、$C(8,8)$、$D(0,8)$、$E(3,0)$、$F(3,8)$、$G(3,5)$、$H(8,3)$;再将

$\triangle AFD$ 绕点 D 顺时针旋转 $90°$ 至 $\triangle A'DF'$，将 $\triangle AEF$ 绕点 A 顺时针旋转 $90°$ 至 $\triangle AE'F_1'$；接着描一个点 $E_1'(12,0)$，将四边形 $EBHG$ 按向量 $\overrightarrow{EE_1'}$ 平移，将 $\triangle AE'F_1'$ 按向量 $\overrightarrow{E'E''}$ 平移，将 $\triangle A'DF'$ 按向量 $\overrightarrow{A'A''}$ 平移，最后将四边形 $GHCF$ 按向量 $\overrightarrow{FB_2''}$ 平移，最后效果图如图 6-3-3 中右图所示。

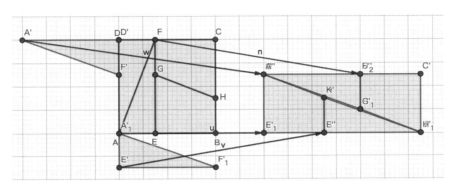

图 6-3-3

我们发现，图 6-3-3 右图中间部分其实不是完全贴合的！把这个图放大如图 6-3-4 所示，就很明显能看到中间有一条缝隙，他们不是完全贴合的！

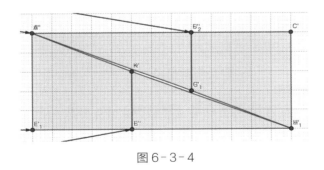

图 6-3-4

借助信息技术发现问题之后，便可以进一步从数学角度进行严格的逻辑推理证明。信息技术不仅直观上给出了说明，而且给推理证明提供了一种思路：可以证明 A''、K'、G_1'、H_1' 四点不共线。信息技术在这一综合与实践活动中起着重要的基础作用。

例 2　研究对称性。

我们学过哪些对称性？在哪些数学知识中涉及到对称性？它们之间有没有

联系？

我们学过的对称性主要有轴对称和中心对称两种，此外还有旋转对称。涉及对称性的数学知识主要有：图形对称、对称多项式、函数图象对称、复数在复平面内对应的点之间的对称，等等。

图形对称包括平面图形的对称和立体图形的对称，包括点关于点对称、点关于线对称、点关于面对称、线关于点对称、线关于线对称、线关于面对称，等等。其中关于点对称称为中心对称，关于直线对称称为轴对称。

我们可以先利用信息技术直观地作出对称图形。如图 6-3-5，点 A 关于点 B 的对称点为 A'，点 A 关于直线 f 对称的点为 A_1'，直线 f 关于点 A_1' 的对称直线为直线 f'，直线 f 关于直线 g 的对称直线为 f_1'。

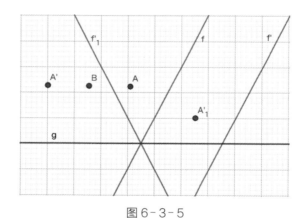

图 6-3-5

如图 6-3-6，点 A 关于点 O 的对称点为点 A'，点 A 关于 z 轴的对称点为点 A_1'，点 A 关于平面 xOy 的对称点为点 A_2'，直线 f 关于点 A 的对称直线为 f'，直线 f 关于 z 轴的对称直线为 f_1'。

旋转对称图形是指一个平面图形 F 绕平面内某点 O 旋转 $\alpha(0° < \alpha < 360°)$ 后得到的新图形 F'，如果 F' 能与图形 F 完全重合，则称 F 是平面旋转对称图形，也称 F 具有旋转对称性。点 O 称为旋转中心，α 为旋转角。如图 6-3-7，正五边形及其内部的五角星就是一个旋转对称图形，点 O 是它们的旋转中心，$\angle AOB$ 是它们的旋转角，大小为 $72°$。

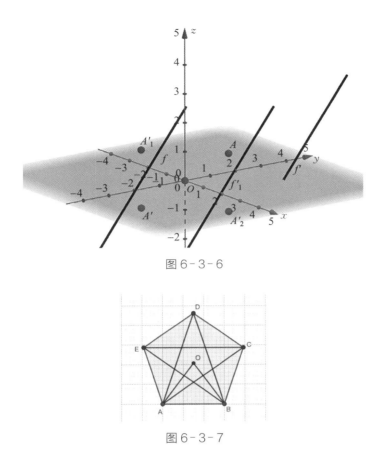

图 6-3-6

图 6-3-7

在直观图形对称的基础上,我们可以进一步研究对称图形所具有的几何性质及代数表示。

对称多项式与图形的对称性含义有所不同。一个多元多项式,如果交换其中任意两个元,所得的结果都与原多项式相同,则称此多项式是关于这些元的对称多项式。例如,$x^2+y^2+z^2$、$xy+yz+zx$、$x^3+y^3+z^3+3xyz$ 都是关于元 x、y、z 的三元对称多项式。这里的"对称"的含义是指这些元在多项式中的"地位平等",与图形的轴对称和中心对称的含义有所不同。

复数在复平面内对应的点的对称问题与平面内点关于点、点关于直线的对称问题完全类似。

函数图象的对称性主要包括关于点对称、关于直线对称,特别地,关于原点 O 对称的函数称为奇函数,关于 y 轴对称的函数称为偶函数。如图 6-3-8,函数 f

的图象关于 y 轴对称，因而它是一个偶函数；函数 g、h 的图象关于原点 O 对称，因而它们均为奇函数。

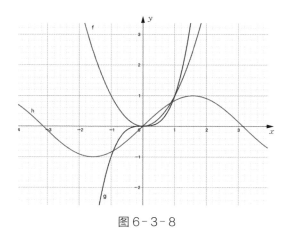

图 6-3-8

函数图象也可能关于一般的点与直线对称。如图 6-3-9，$f(x) = \sqrt{x^2 + 1} + \sqrt{(1-x)^2 + 1}$ 的图象关于直线 $x = \dfrac{1}{2}$ 对称。确定函数 $f(x)$ 的图象的对称，我们只需验证 $f(x) = f(1-x)$ 是否恒成立。一般地，如果函数 $f(x)$ 总满足 $f(a+x) = f(a-x)$，则函数 $f(x)$ 的图象关于直线 $x = a$ 对称；如果函数 $f(x)$ 总满足 $f(a+x) = -f(a-x)$，则函数 $f(x)$ 的图象关于点 $(a，0)$ 对称。

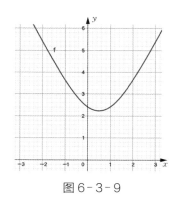

图 6-3-9

第七章　信息技术在数学教学评价中的应用

第一节　信息技术在过程性评价中的应用

教学评价是课堂教学的一个非常重要的环节,是依据教学目标对教学过程和教学结果进行价值判断,并为教学决策服务的活动,是对教师的教和学生的学进行评价的过程,对于教师和学生的发展都有着重要的意义。教学评价对教学活动具有诊断与反馈、甄别与选拔、决策与改进等功能。

随着信息技术时代的来临,信息技术渗透到教育教学各个领域,对教学的各个环节产生了深远的影响,也改变了传统的教学评价方式。《基础教育课程改革纲要(试行)》明确指出,评价要以促进学生发展、改善教学为基本目的。利用信息技术平台开展多元化的评价,让学生参与评价,使学生既是评价对象又是评价者。这不仅能有效调动学生学习的积极主动性,还能培养学生的评价、反思等高级认知能力。

我们平常的数学教学评价工作有两个核心环节:一是对教师教学工作的评价,包括教学设计、组织教学、教学实施等环节;二是对学生学习效果的评价,包括过程性评价和结果性评价。这里,我们仅阐述信息技术在学生学习方面的应用。

过程性评价包括学生的出勤与表现、平时作业,以及诊断性评价和形成性评价,等等。

1. 学生的出勤与表现

学生的出勤是指学生是否按时参与数学课堂学习,包括是否迟到、是否早退、是否缺勤;学生的表现主要是指课堂表现,包括是否遵守课堂纪律、是否认真听讲、是否主动发言、是否积极参与课堂互动,等等。

线上软件与平台可以提供很多课堂表现的记录与实现相应交互功能。例如,ClassIn就有很强大的交互与过程记录功能。如图 7 - 1 - 1,打开右边的工具栏中倒数第二个工具"教学工具",我们可以看到有 19 种小工具：图片、加载板书、保存板书、桌面共享、定时器、骰子、小黑板、抢答器、答题器、文本协作、多向屏幕共享、拖拽激光笔、浏览器、VNC、奖励排行榜、围棋小黑板、随机选人、苹果投屏、ClassIn投屏。另外，在上课期间，对学生可以发放奖杯以示奖励。

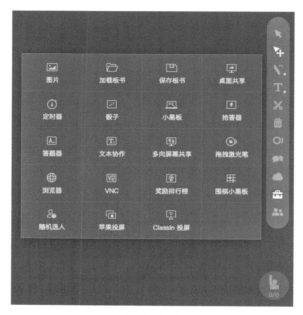

图 7-1-1

上课时间内，学生的迟到、早退，以及在线时长，系统都会记录下来，最后汇成一个教学报告，如图 7-1-2，报告会显示学生考勤情况以及课堂互动情况，还有课堂教学的精彩瞬间，如图 7-1-3 所示。

图 7-1-2

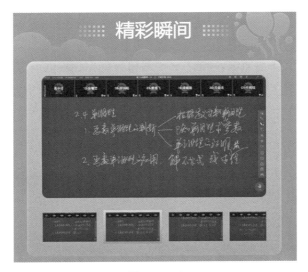

图 7-1-3

线下软件也有很多进行实时考勤和过程评价的 App,例如 Classdojo 有着比较全面的功能,如图 7-1-4,这是一个班级的管理界面,其中第一个图标"班级"是班级所有学生的表现情况的汇总,后面是按学号显示和排列的每一个学生的图标。点击图中"随机"按钮,或者直接点击某一个学生的图标,即可出现如图 7-1-5

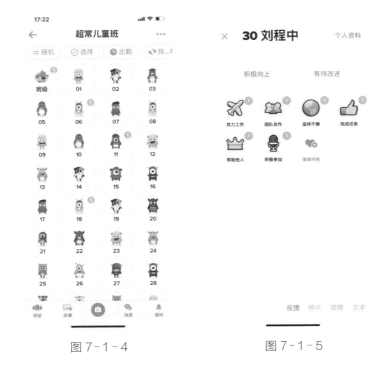

图 7-1-4　　　　　　　　　　图 7-1-5

所示的界面,在这个界面有两个选项按钮,一个是"积极向上",另一个是"有待改进",其中"积极向上"界面有几个供选项,如努力工作、团队合作、坚持不懈、完成任务、帮助他人、积极参加等,还有一个"编辑技能"按钮,可以点击并添加一些新的技能,下方还有照片、视频、文本选项,可以通过该选项与该同学分享照片、视频及文本。点击"有待改进",界面如图7-1-6所示,其中包括不任务、不作业、不准备、不尊重等选项,也有一个"编辑技能"的按钮。

图7-1-6   图7-1-7

    点击图7-1-4中的"出勤"按钮,出现如图7-1-7所示的界面,这里可以给每个学生进行考勤。点击每个学生姓名后面的出勤图标,还有几个选项,连续点

图7-1-8

击即可显示出"迟到""缺席""提前离开"等图标,从而可以给这个学生进行不同情况的考勤。

在图7-1-4的界面中,将最上面一行往左拖动,还可以看到一些其他选项,如图7-1-9所示,界面上还有"按…对学生进行排序"按钮,其中包括"名字"、"姓氏"、"最高分"、"最低分"四个选项;还有"重置分数"按钮,以及一个"更多→"按钮。点击"更多→"按钮,我们还可以看到一些丰富的工具,如图7-1-10所示,其中有计时器、随机、小组分配器、噪音计、指南、思考配对共享、今天、音乐、BIG IDEAS。其中BIG IDEAS包括Big Challenges、Moods and Attitudes、Conundrums、Growth Mindset、Perseverance、Empathy、Mindfulness等按钮,有兴趣的读者可以自行尝试一下这些按钮的功能。

图7-1-9　　　　　　　　　　图7-1-10

2. 平时作业

平时作业是指在学习完一节课后对所学内容进行的及时的、有针对性的训练。传统的作业往往是用作业本或练习册完成。有了信息技术,我们可以借助一些平台布置作业、批改作业、反馈作业情况。

　　智学网中有一个"练习中心"，这里可以布置学习任务，可以自由出题，也可以由"题库练习"出同步练习题，如图 7 - 1 - 11 所示。

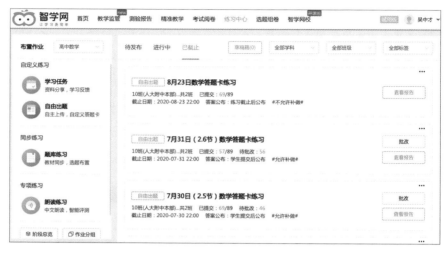

图 7 - 1 - 11

　　数学教学中使用较多的是"自由出题"。点击"自由出题"按钮，弹出的界面如图 7 - 1 - 12 和图 7 - 1 - 13 所示，其中图 7 - 1 - 12 界面的功能是上传题目，可以选择文件上传，同时可设置练习的标题及练习说明。

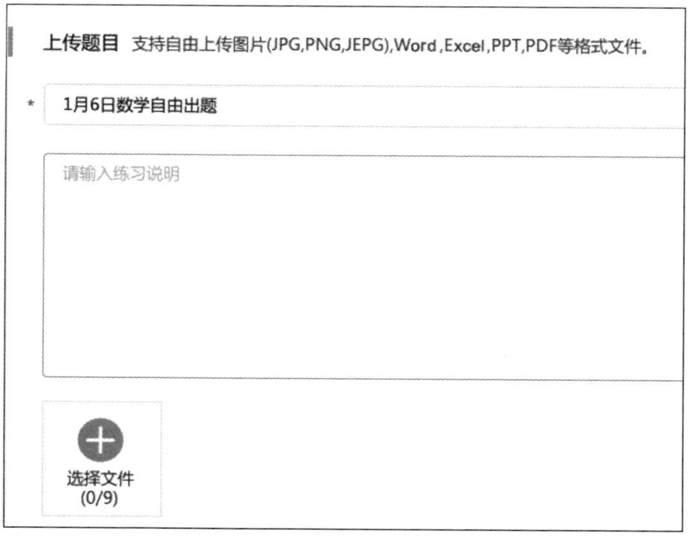

图 7 - 1 - 12

图 7-1-13 界面的功能是制作答题卡，可以设置题型（包括选择题、判断题、填空题、简答题），客观题应当设置答案，所有题型均需设置分数；还可以选择文件上传答案，这是可选项，也可以不选择上传答案。

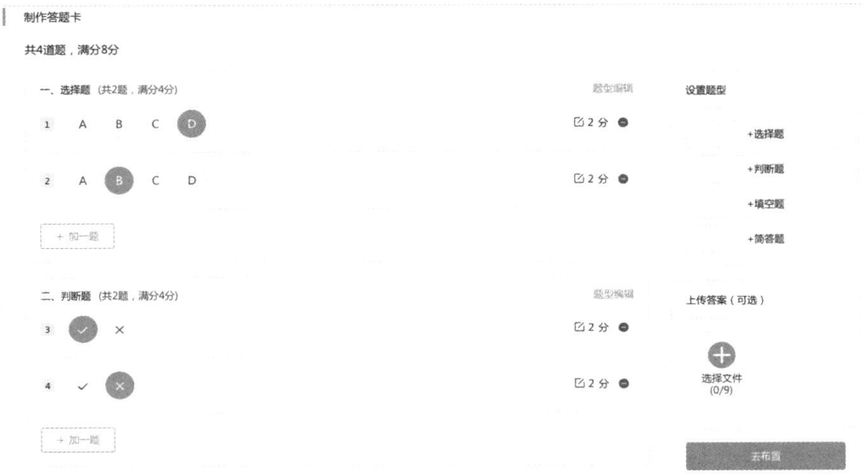

图 7-1-13

设置好题型和答案之后，点击图 7-1-13 中的"去布置"按钮，即可布置作业。如图 7-1-14 所示，布置作业可以设置发布作业时间、发布对象，还可设置是否允许补做、何时公布答案、客观题是否需要上传解答过程等，设置完毕，点击"确认发布"按钮即可将设置的练习放入图 7-1-11 界面中的"待发布"栏中，到了我们设置的发布时间系统将会自动发布练习。

图 7-1-14

当学生做完练习、练习截止后,在图 7-1-11 所示的界面中,我们可以在"已截止"中看到这些练习的报告,点击"查看报告"即可查看对应练习的答题情况。

还有很多其他的软件、App、小程序都可以完成作业布置功能。例如,作业登记簿就可以实现一般的作业布置功能,如图 7-1-15 是作业登记簿的主界面,其中我的班级可以用"创建新班级"按钮来完成,班级服务有布置作业、发布打卡、登记成绩、创建新班级、使用说明、联系客服等功能。

图 7-1-15　　　　　　　　图 7-1-16

点击我的班级中的某一个班级,进入如图 7-1-16 所示的班级界面,这里我们可以邀请成员,可以查看成员、作业、成绩、相册,可以布置作业、设计和查看课程表、创建小组、创建每日打卡、创建答题卡、新增公告、创建生成奖状、给学生私信、记班级账本、登记课堂表现、进行班级设置,等等。作业簿登记是一个比较简单、使用方便的一个微信小程序,功能还算比较全面。

3. 诊断性评价和形成性评价

布鲁纳将评价分为诊断性评价、形成性评价和终结性评价。其中诊断性评价和形成性评价属于前瞻性评价,分别在教学前和教学中进行;终结性评价属于回顾性评价,是指在教学后进行的评价考试。

诊断性评价是在学期开始或一个单元教学开始前,为了解学生的学习准备状况及影响学习的因素而进行的教学前评价。这相当于我们平时所说的前测,为课堂教学提供了一定的数据参考。

形成性评价是在教学过程中为了改进和完善教学活动而进行的对学生学习情况的评价。

实现这一功能的工具有很多,例如,TI图形计算器就具有这种发布作业、统计数据的功能;再如,智学网也能较好地实现这一功能。我们仍然可以利用智学网的主界面中的"练习中心"来进行设置和布置。

在智学网的主界面中有一个"考试阅卷"菜单,点击"考试阅卷"进入如图7-1-17所示的界面,这里有两个按钮:"我要阅卷"和"已结束"。在"我要阅卷"中,可以制作答题卡、扫描手阅测验;在"已结束"中,可以看到已阅试卷。

图 7-1-17

如图7-1-18所示,在"已结束"的阅卷中,我们可以看到每份已结束阅卷的试卷后面都有两个按钮:成绩申诉和工具箱。其中工具箱的界面如图7-1-19所示,包括阅卷的异常处理和报告统计等诸多功能。

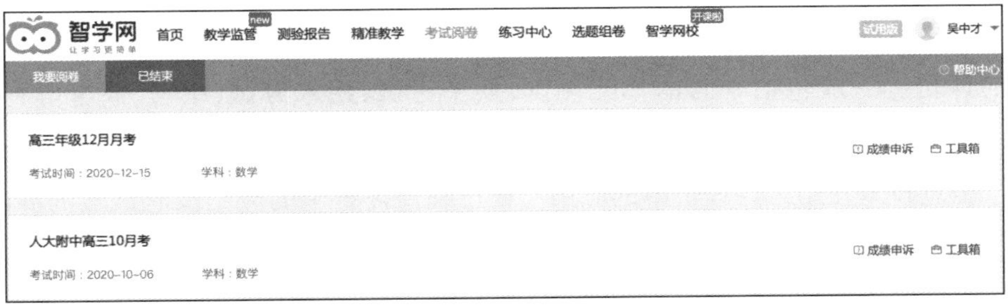

图 7-1-18

图 7 - 1 - 19

第二节　信息技术在结果性评价中的应用

教育教学评价应当是过程与结果的统一。过程本身也包含结果，反过来，结果又能规范过程。结果性评价可以说是对过程的一种综合评价，具有诊断、反思、调节、甄别的作用。所以结果性评价同样值得我们重视和关注。

结果性评价指的是在教育活动结束后为判断其效果而进行的评价，一个单元、一个模块、一个学期、一个学年、一个学段，甚至一个学段的教学结束后对最终效果所进行的评价，也多指总结性评价或终结性评价。终结性评价是在教学后进行的评价。一般包括平时的单元测试、期中考试、期末考试、中考、高考等评价形式。

信息技术在结果性评价中的应用与在过程性评价中的应用没有截然的界限，甚至很多平台在二者的应用中具有通用性。

下面仍以智学网为例，介绍结果性评价中一些主要的数据统计功能：

在智学网首页（如图 7 - 2 - 1），系统会列出当前考试的全年级数据和教师授课班级的班级数据，并显示相应的平均分和及格率，以及班级的成绩下降人数、临界生、波动生、关注生等信息。这些数据可以为教育教学过程提供参考。

图 7-2-1

点击全年级数据后面的"校级报告",界面如图 7-2-2 所示。功能分为三个方面:成绩分析、试卷分析和学生成绩。其中,成绩分析含有班级成绩对比、学业

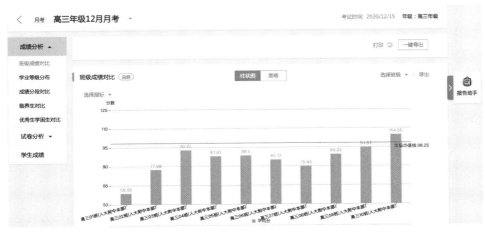

图 7-2-2

等级分布、成绩分段对比、临界生对比、优秀生学困生对比五个功能菜单；试卷分析含有分卷分析、大题分析、试题分组分析、小题分析、知识点分析、作答详情六个功能菜单；学生成绩可以查阅和导出学生成绩。主界面的三大功能菜单均可以打印数据，也可以一键导出数据。该界面还有一个"报告助手"，打开报告助手可以导出原卷。

打开班级报告（如图 7-2-3），可以看到班级的学情总览、试卷讲评、试卷分析、成绩单等功能。其中数据都可以导出文件，成绩单还可以导出学生成绩单的 PDF 文件，报告助手也可以导出学生原卷。在试卷讲评中，还可以把每道题的答题情况都显示出来，在最右边会用不同颜色显示各题答题困难、较难、一般、较易的情况，可以为教师在试卷讲评中提供较好的数据支撑。

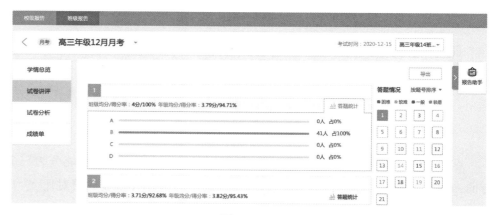

图 7-2-3

在班级报告的学情总览中包括本班级的平均分、最高分、优秀率、合格率，以及在所有班级中的排名，还包括各个班级的平均分对比、学业等级分布（分为 A、B、C、D、E 五个等级）及相应的学生名单、需关注的学生（包括大幅进步、大幅退步、临界生、波动生）及相应的学生名单。试卷讲评中包括分段答题统计、我的讲评卷及网阅典型卷，分段答题统计中点击柱状图可查看相应的学生名单。试卷分析中包括分卷分析、大题分析（包括雷达图和表格两种呈现方式）、试题分组分析、小题分析（包括雷达图和表格两种呈现方式）、知识点分析、作答详情。

信息技术在数学教学的结果性评价中的作用不仅表现在阅卷结束之后对成绩数据的处理与输出方面，实际上，信息技术在阅卷工作上也带来了极大的方便，大大提高了工作效率。

过去传统的纸质版试卷的阅卷工作,往往需要经过一系列的人工操作,包括阅卷前的试卷装订、搬移工作,阅卷过程中的翻阅、传递、调度、保存工作,阅卷后的登分、统分、成绩分析工作,甚至是查卷查分等工作。每一个环节都比较麻烦,费时费力。如果利用信息技术进行网阅试卷,只需要完成答卷的扫描工作就可以了,调度、登分、统分、成绩分析、查卷等工作均可由计算机自动完成,大大简化了工作流程,缩短了阅卷时长,提高了工作效率。计算机处理数据不仅速度快,而且准确无误。客观题(选择题)完全可以由计算机自动批阅、统计。

还有一点特别值得一提,传统阅卷工作中的复查工作都是由另一位老师逐份查看已阅试卷,复查教师很容易受到卷面上已判分数的影响。网阅试卷工作中的双判工作则是由另一位老师独立地再判一次试卷,如果两次判阅的分数相差超过一分,则系统自动将这一份试卷打给阅卷小组长,由小组长进行仲裁。这样不仅节省了人力,而且提高了阅卷的公正性。

除了智学网之外,还有很多类似的软件平台都能较好地实现阅卷及数据统计与分析功能,例如心意答、南昊、阅满分、科迅、品科等网上阅卷系统,都有比较成熟的阅卷功能。现在很多软件平台在数据处理方面的功能也很全面,包括总体分析、题组分析、主客观题组块、题目分析、相关分析等。具体地说,平台系统可以自动统计最高分、最低分、平均分、标准差、差异系数、难度、区分度、标准误、中数、众数、偏度、峰度、信度、效度,以及各小题的正答人数等,甚至还可以绘制分组人数的桑基分流图,为教学提供强有力的数据支撑。限于篇幅,不再一一赘述。

第三节　信息技术在数学教学评价中的应用原则

随着信息技术的发展,教育教学的各个领域越来越广泛地应用了信息技术。在数学教学评价中,信息技术也有着其不可替代的作用。例如,传统的学生档案都是纸质版档案,每一届的学生都有自己的档案,日积月累,学校教务部门的档案也越来越多,不利于保存和查找。电子档案则很好地解决了纸质版档案的不足与弊端。

在数学教学评价中,信息技术也有着越来越重要的作用。例如,传统的数学阅卷都是纸质版试卷的批阅,最明显的不足是翻篇费时费力,统分费劲易出错。网上阅卷则很好地解决了这些问题。而且选择题系统可以自动判阅,准确而迅速,最后统计的答题信息全面细致,而且分门别类。当然,网上阅卷也有不足之处,如试卷上不能自如地留下批阅痕迹。

一般而言,信息技术在数学教学评价中应遵循以下几个原则:

第一,个性化原则。由于教育对象不同,各学校的教学评价体系应该有自己的评价项目,数学教师也就应当按照自己的需要设置自己的评价项目。不同学校,甚至同一所学校的不同教师都可以设置不同的教学评价项目,不能千篇一律。这种定制工作最好能够由学校或教师自主完成,这样更有针对性和适应性。

有一些功能系统可以全部具备,实际用与不用由教师自主选择。例如,对作业布置与批阅系统而言,有的教师需要给学生设置多选题的系统自判功能,有的教师只需要给学生设置单选题的系统自判功能;有的教师还需要设置填空题的系统自判功能;有的教师需要设置定时布置作业的功能,有的教师还需要设置补交作业的功能,有的教师还需要设置同学互判作业的功能;等等。所有这些功能系统都可以提供,想用的教师自己选用,不想用的教师忽略它即可。

有一些功能系统可以让教师定制。例如,对于期中与期末的过程成绩的比例设置,可以由教师对平时作业、统练、课堂表现、数学活动等方面自主定制评价项目,并设定各个项目在总成绩中的权重,当我们把一些过程成绩录入系统之后,系统会自动生成一个期中或期末的总评成绩。类似这种功能,系统可以给教师提供一些自由设置的权限。

从另一方面来看,每位数学教师的教学风格不同,教育理念不同,评价倾向也不同,特别是不同学校的课改着力点不同,如果千部一腔千人一面,必将失去教学评价的个性与活力。

第二,实用性原则。教师的时间有限,精力有限,如果设置过多的评价项目,每个项目都必须人工录入数据,这势必会加大教师的工作量。因此,信息技术在数学教学评价中的应用应当注重实用性,取消一些华而不实的评价项目。

例如,记录学生的课堂表现就是一项工作量很大、很不方便的事情,评价项多而杂的课堂表现评价就更难以实现,即使我们是在线上利用平台上课,也很不容易记录下所有学生的各种表现情况。比如认真听讲、积极发言、参与互动、主动提问、思维活跃、思考深入、有创造性、动手能力强、运算能力强、空间想象能力强、逻辑推理能力强，等等，专门配备一个助教估计也忙不过来，而且很多定性描述的评价对形成学生最终的整体评价很难量化，所以这些评价项目可以适当简化，以实用性为主。

第三，及时性原则。数学教学评价包括过程性评价和结果性评价。结果性评价一般都能及时录入系统，但过程性评价却不一定能及时录入。过程性评价包括平时表现、作业、诊断性评价和形成性评价等方面。这几个方面的数据都有可能不能够及时录入系统。尤其是诊断性评价和形成性评价的数据，如果不能够及时录入系统，人工往往很难及时进行数据的统计与分析工作，从而不能发现学生存在的问题，不能及时了解学生的掌握情况，因而不能够及时利用评价反馈作出教学矫正行为。

信息技术如何及时收集数据、分析数据、保存数据，这就是各种软件平台首先需要解决的问题。现在有的软件具有一些这方面的功能，但一般不太完善。例如有的软件有答题器，方便进行诊断性评价，但学生答题的数据不方便保存以供学生学习的大数据之用；有的软件有保存数据的功能，但不方便进行及时的诊断性评价和形成性评价，也不能将多次评价数据进行综合分析。

第四，科学性原则。对于平时作业、诊断性评价、形成性评价、结果性评价所形成的数据，有一些软件平台具有较好的统计与分析功能，可以统计平均分、最高分、最低分、优秀率、及格率、方差、难度、信度、效度等特征数据，这有助于教师了解学生对学习的掌握情况。但这些功能的实现应当有专业的统计学知识作为支撑，并不是仅靠程序设计与软件开发人员就能完成的。

如果需要结合数据分析给出学生对具体的数学知识、数学方法、数学能力的掌握情况，并给出评价报告，提供参考性训练题，这就需要数学教师、数学教育人士、甚至是心理学专家合作完成软件开发与题库建设。这包括每个知识点的难点是什么，出错原因是什么，数学方法和数学能力如何界定等方面。只有对习题与错题进行细致的剖析，并贴上相应的"标签"，才能方便系统检索学生在教学评价中存在的问题，并根据出错的类别提供相近习题进行强化训练。

信息技术在数学教学评价中的应用首先需要软件与平台开发得科学合理，系统功能完备好用；其次是数学教师应当根据自己的教学对象和教学习惯定制软件与平台，切实有效地利用系统的功能对学生进行过程性评价和结果性评价。这样才能真正发挥信息技术在数学教学评价中的作用。

第四节　信息技术在数学教学评价中的局限

信息技术在数学教学评价中发挥着很大作用,是教师进行教学诊断与教学改进的得力助手。但是,现在市场上的一些软件平台的功能各有优劣,我们往往很难找到一款功能全面、方便适用的软件平台。因此,信息技术在数学教学评价中的应用常常都有一定的局限性。概括起来,信息技术在数学教学评价中的局限性可能有以下几个方面:

第一,过程评价的录入不方便,智能性不高。数学教学的过程评价包括学生在课堂上的表现及课后的表现,统计的学生数学习题的答题数据包括平时作业与阶段考试的正确与错误情况。这些功能的体现首先需要将评价的数据录入系统平台,而日常数据的录入显然不是特别方便。如果让学生自己录入,学生需要时常使用手机或电脑,而这正是家长所不愿意接受的。如果让教师来统一扫描录入,那么无形增加了教师很大的工作量。

另一方面,这些过程评价的智能性总体偏低,数据的实际价值常常低于它应有的价值。这方面的开发可以说是软件平台开发的内核,也是它的价值体现的关键之处。现在很多软件平台都有学生在课堂上的表现记录功能,但这些功能一般都是一些表面的描述,比较粗浅和机械,我们很难从这些表现的描述中刻画出一个学生的立体状态。如果不考虑录入的不方便,能够将学生的课后表现和课堂表现都能及时记录下来,现在的软件平台也很难比较智能地分析学生总体表现。其中主要的局限有两点:一是现在很少有将学生自评系统与教师评价系统合二为一的软件平台;二是现在的软件平台对学生表现的分析与综合功能偏弱。

第二,系统对主观题的判卷准确性不高。现在很多软件平台对客观题的判卷功能都比较成熟,也能够很快统计出答题数据,这给教师的教学带来了极大的方便,也较大程度上减轻了教师的工作负担。但是系统对主观题的判卷准确性不高,这是目前软件平台的最大局限性。

主观题包括填空和解答。目前系统对解答题的自判功能还处于比较落后的阶段,也有很多人在摸索、尝试,但市场上还没有比较成熟的软件平台可以完成对数学解答题的自判工作。系统对填空题的自判已有一定的可靠性,但仍缺乏智能性。系统对填空题的自判往往是将录入的答案与系统提供的答案进行比对,只有和系统提供的答案完全一致,系统才给本题判为正确,否则就会判为错误。而且系统对同一道题目提供的参考答案的数量也很有限,例如某道题目的答案是$\frac{1}{2}+\sqrt{2}$,根据所有可能不同的录入方式我们均需设置参考答案,如:$1/2+\sqrt{2}$,$0.5+\sqrt{2}$,$\sqrt{2}+\frac{1}{2}$,$\sqrt{2}+1/2$,$\sqrt{2}+0.5$,甚至是像$\frac{1+2\sqrt{2}}{2}$、$\frac{2}{4}+\sqrt{2}$等答案,如果我们有一种形式没有提供给系统作为参考答案,系统遇到这样的答案就会判其为错误。系统对填空题的自判实际上是将学生录入的答案与系统提供的参考答案进行字符比较,完全相同才算正确。而不能进行运算后比对,更不能进行逻辑推理后比对,因而智能性较低。

第三,练习与考试的错题智能分析功能不足。现在的软件平台所存贮的数据往往是学生答卷的图片以及教师判完试卷的成绩数据,而不能对学生某道题目出错的原因进行深入分析,究竟是因为哪个知识点没掌握,还是哪一种数学方法不会,或者是数据运算出现错误,抑或是粗心、心理压力等非智力因素导致出错,软件平台并不能给出准确、合适的分析与判断。

现在市场上也有一些软件有错题本功能,这些功能往往只停留在收集错题的层面,并不能给错题进行知识与方法的分类,甚至不能对错题进行二次筛查。错题本只有配备适当的分类功能,以及系统的自动筛查功能,才能让学生和教师更好地分析和获取数学学习掌握情况,才能较好地给出一个"诊断"报告,让教师和学生更有针对性地进行教与学的改进工作。

第四,题库不完善,系统智推训练题不理想。现在很少有评价系统有自己的题库,或者可以录入学校自己的题库,因而根本不具备针对学生的学习情况进行训练题的智推的功能。有的系统即使有自己的题库,题量也不够大,题库中习题的分类与标签也不够完备,因此,现在的系统很难对学生的强化训练智推适合的训练题。

现在有一些平台题库比较丰富,但它们在对学生的作业与考试数据的收集与整理方面几乎空白。因此,市场上的软件平台很少有将题库建设和过程评价相结合的功能。这些功能的实现不仅需要专业的软件平台的设计能力，而且需要专业的数学知识及教学领悟，甚至还需要教学心理学知识，确实不是某一小群人士能独立完成的工作。

第五，答题卡的录入与多账号批阅功能不全。现在的考试都是将学生的试卷通过扫描仪扫描进系统中，然后再对这些图片进行分割与设置，从而让教师在平台上进行阅卷。这种系统往往也能支持多账号登录与批阅。但是对于作业练习，我们不希望都由教师扫描进系统中，也不希望所有的作业都由某一位教师去批阅。我们常常希望将这种日常工作放权给学生自行上传答卷，然后年级所有教师同时登录进行作业批改。现在的软件平台很少能兼备这些功能。

现在有一些软件平台可以方便统一地布置作业，以及多位教师同时批阅作业，但不能由学生自主上传答卷；有一些软件平台可以方便地由学生自己上传答卷，但不能由多位教师同时登录批改作业。这样给全年级的作业布置与批改工作带来了很大的不便。

信息技术在数学教学评价中的应用，应当定位于辅助和智能两个层面。从辅助的层面看，信息技术永远也替代不了教师在教学评价中的作用，一方面是它背后的思想与方法都是人类智慧的体现和实施，另一方面是它永远替代不了教师与学生面对面的情感交流与互动。从智能的层面看，信息技术应当要替代教师的诸多日常常规的重复劳动，让教师从繁杂的重复劳动中解脱出来，把更多的时间和精力放到与学生的交谈之中去。目前虽然还有很多的局限，但我们期待在不久的将来会迎来信息技术在教学评价中应用的春天！

第八章　对信息技术应用的展望

第一节　对应用软件与平台的展望

在数学教学与评价中,应用的软件与平台主要包括三类:一是数学专业软件与办公软件,二是线上教学平台与电子白板,三是教学评价系统。

数学专业软件是"数学实验室"的重要组成部分和数学绘图与数学研究的重要辅助工具。在中小学数学教学中,常用的数学专业软件包括几何、代数、统计概率等方面的软件,或具有这几个方面功能的数学软件,例如 GeoGebra、几何画板、Maple、MATLAB、SAS、SPSS,等等。数学教学中用到的办公软件主要包括 Excel 的数据统计与绘图功能、PPT 的演示与录屏功能。

线上教学平台包括直播平台和录播平台,也有一些平台兼顾直播与录播功能。这里的录播平台是指能够把视频放上去,以供学生自主学习的平台,不是指可以录制视频课例的平台。前文中我们提到,直播平台包括 ClassIn、Zoom、腾讯会议、钉钉、企业微信等,录播平台包括 UMU、百度网盘等,其中 UMU 也有直播功能。能够录制视频课例的平台很多,例如 ClassIn、Zoom、腾讯会议、希沃、PPT,等等。电子白板可以在线下教学中替代传统黑板,使用也非常方便。

教学评价系统主要是指能够对学生进行过程性评价和结果性评价的平台系统,可以记录学生在成长过程中的关键数据,可以布置作业,进行诊断性评价和形成性评价,组织考试与阅卷,统计处理数据,形成学生成长报告。

2020 年,突如其来的疫情催生了许多教学软件与平台,推动了信息在教学与评价中的应用。尤其值得一提的是,从疫情开始至本书付梓,腾讯会议一直都为广大用户开放免费使用功能。很多软件与平台经过不断的试用与升级,现在基本上都已日趋稳定和完备。当然,各种不同的软件或平台一般都有自己的优点和不足。我们总希望有一款软件或平台能够博采众家之长,兼容并蓄。我们在此略作展望,以期能有更加完备的软件与平台为未来的数学教学与评价服务。

应用于中小学数学教学的数学专业软件包括数值计算的软件、统计软件、符号运算软件，等等，这些软件专门用来进行数学运算、数学规划、统计运算、工程运算、绘制数学图形或制作数学动画等。如果有一款软件能够综合以上种各种功能，能够覆盖中小学数学中所有的运算、统计、画图、模拟试验等功能，那么数学教师将不用到处寻找和试用各种软件了。

从具体功能来看，一款比较完备的数学软件至少包括以下几个功能模块：数学运算、函数图象、统计概率、几何画图、数学实验。其中数学运算至少应包括实数运算、复数运算、指数运算、对数运算、三角运算、向量运算、导数与微分运算等功能；函数图象应包括基本初等函数的图象和性质、参数对图象的影响、分段函数的图象绘制、函数复合与运算、函数求值等功能；统计概率应包括统计量的计算、统计图表的绘制、回归分析、独立性检验、模拟试验等功能；几何画图应包括平面几何、立体几何、平面解析几何中各种图形的绘制、各种几何变换与动画制作、各种几何测度的度量等功能；数学实验应包括代数、几何、统计、概率领域中一些常见的数学积件的搭建与模拟试验功能，等等。

从现有的一些软件来看，几何画板、GeoGebra、Excel、SPSS 等软件的功能综合起来，比较接近一款功能完全的软件。

线上教学平台理想模型应包括以下几个功能模块：视频与语音功能、书写与演示功能、数学工具嵌入功能、课堂评价功能、直播与录播功能等。其中视频与语音功能主要实现师生间的视频与语音交流互动；书写与演示功能主要包括教师通过手写板进行课堂教学板书，以及教案与 PPT 的演示功能；数学工具嵌入功能主要包括数学专业软件的绘图、动画、模拟试验等功能的嵌入或共享；课堂评价功能主要包括考勤情况、课堂表现、诊断性评价、形成性评价、数据存储与统计分析、课堂分组讨论等；直播与录播功能主要包括课堂直播、录制、课例存放与回放等。

电子白板目前主要发挥着在教室里进行线下教学时替代传统黑板的功能，不需擦黑板，笔的颜色丰富，可以设置背景色，基本的画图方便易操作，常常比较有利于板书的存储与分享，方便换页与漫游，可以自由进行板书的大小缩放。未来的电子白板，我们认为至少应包括以下几个功能模块：直播与录播模块、教学板书模块、数学工具模块、功能设置模块等。其中直播与录播模块主要实现将正在进行的授课进行直播分享、录播回放等功能，真正打破教室的边界；教学板书模块包括板书笔触、擦除撤消、换页漫游、存储分享等；数学工具模块主要包括函数工具、几何工具、动画工具、统计工具、概率工具等;功能设置模块主要包括背景颜色设置、笔触形状粗细与颜色设置、课型设置等,其中课型设置是指按照课堂的教学内容将课型设置为代数课、几何课、统计课等,系统将自动优先配置相关的数学工具,方便教学。

教学评价系统主要是指过程性评价,包括的功能模块有:出勤情况、课堂表现、诊断性评价、形成性评价、布置作业等,方便教师记录学生的课堂表现,随时进行课前测与课中测,并记录测试数据,系统提供保存、统计、整理、分析数据等功能,能与电脑或 App 连接,从而实现数据共享与查询功能。布置作业功能也要与电脑网页或客户端或手机 App 连网共享,方便教师进行作业批阅与统计查询等操作。

现在的软件或平台基本上都是市场商业运作,如果学校愿意花钱购买相应的软件或平台,教师就可以利用这些软件或平台进行教学与评价。随着国家越来越重视信息技术在中小学教学中的整合,我们期待教育主管部门能够聘请电脑编程人员、数学专业人士、数学教育专家与心理学专家等多方代表,共同打造一套综合软件与平台,供广大中小学校与教师使用,真正推动信息技术在数学教学与评价中的应用。

第二节 信息技术应用形式的展望

信息技术在数学教学与评价中的应用,最终目的是提高教育教学工作的效率与收获相应效果,改变传统的教育教学组织形式和数据管理方式,综合利用互联网、数据库、多媒体等先进的网络和技术,将数学教育教学工作和信息资源数字化、标准化,有效共享已有的信息资源和数据,提高信息资源共享和重复利用率,有效地缩短教学周期,从而降低教育成本,提高教学质量。

目前,信息技术在数学教学中的应用仍然停留在线上和线下两种形式。进行线下面对面授课时,信息技术的应用表现为电子白板替代黑板、多媒体辅助教学、借助信息平台布置作业与组织测试、计算机管理教学等;进行线上授课时,信息技术的应用表现为视频与语音直播、视频录播与文稿学习等。线下教学中应用的信息技术主要涉及电子白板、多媒体设备、相关软件与平台等；线上教学中应用信息技术主要涉及网络教学平台与网络交流平台。选择线上或线下的教学形式，取决于当前的社会形式和实际情况，如果有疫情或其他原因，在学生不能到校上课的情况下，常常选择线上教学。

计算机辅助教学（computer aided instruction，简称CAI）是在多媒体计算机辅助下进行的各种教学活动，是以对话方式与学生讨论教学内容、安排教学进程、进行教学训练的方法与技术。计算机辅助教学综合应用多媒体、超文本、人工智能、网络通信和知识库等计算机技术，克服了传统教学情景方式上单一、片面的缺点，为学生提供了一个良好的个人化学习环境，它的使用有效地缩短了学习时间、提高了教学质量和教学效率，实现了最优化的教学目标。目前计算机辅助教学的教学模式主要有呈现演示模式、练习测试模式、讲解指导模式、交互对话模式、模拟仿真模式等。在具体的教学中，使用哪一种教学模式需要根据教学内容、教学目标以及教学方法进行有针对性的选择。各种不同的教学模式常常在同一个课程上交叉使用，以期达到最佳的教学效果。

计算机管理教学（computer-managed instruction，简称CMI）是利用计算机系统帮助教师管理和指导教学过程的一种信息处理系统，它可以借助计算机完成教学管理的任务，包括辅助教师对学生的学习和成长进行过程性记录与评价，对教学效果进行调查与反馈，对评价数据进行统计与分析。目前，CMI系统主要有三个功能：一是收集和分析学生的学习情况，二是监督和管理教师的教学活动，三是组织命题、考试和阅卷，进行学业评价。

网络教学平台，也称网络教学支持平台，是在传统教学系统的基础上，进一步实现对教学用户与课程、网络教学资源库、分层管理权限的管理设置，实现对教学过程包括课件的制作与发布、组织教学、交互探索、学习支持和教学评价等方面的全面支持，集成传统的教学与评价环节和网络教学优势的一个相对完整的网络教学支撑环境。一个完整的网络教学平台至少包括网络教学活动中所涉及的管理员、教师、学生的账号管理，他们在整个系统中具有不同的功能和权限。有的平台对学生管理是比较开放的，不是通过建立一个相对固定的班级来组织上课，而是通过学生进入会议组织教学。

未来信息技术在数学教学中的应用应当是借助网络教学平台，利用计算机辅助教学和管理教学，综合当前线上和线下教学的两种形式，真正打破线上与线下的界限,打破教室的边界,打破软件与平台的界限,让信息技术真正将数学教学与评价的每一个环节整合起来,让教与学变得更加方便和有效。

如果是线上教学,自然直接借助网络教学平台组织各种教学与管理活动;如果是线下教学,我们可以借助电子白板进行教学,只要在它现有的功能基础上加入网络接入功能,将现场的教学活动以及相关的过程性评价数据与网络管理平台连接,就能真正实现网络教学与现场教学的完美结合。未来的课堂未必是在一个固定的教室里上课,也未必是有着固定的班级与课程表,学生可以根据自己的学习情况自主选择课程进行学习,教师可以通过视频与语音与学生进行真切的交流与互动,学生所有学习的过程都可以被平台系统一一记录下来,并可以随时对数据进行整理分析输出报告。作业批改与考试阅卷也可以利用人工智能来完成,多方位、多角度描述学生答题情况,给出详细的作业与考试报告,把教师从繁杂的重复劳动中解放出来,让教师有更多的时间和精力去进行教学设计和教学矫正工作,让教与学更加高效。

从目前的信息技术使用现状来看,我们对未来的网络教学平台至少还有以下几点可期:一是网络教学平台能够开发出一套方便操作、简单实用的备课系统,以及傻瓜式的课件制作、方便上课与录课的操作系统;二是网络教学平台能够开发出一个完整、丰富的试题库,对试题分类标签细致明晰,方便组卷与布置作业,能够针对不同学生的学习情况智推巩固练习;三是网络教学平台能够有较强大的人工智能系统对数学解答题进行批阅与答题分析,真正替代教师的人工重复劳动;四是网络教学平台能够针对学生学习的大数据,智能地进行分析与整理,在不同章节不同阶段给学生推出学习诊断报告。

我们期待的是人工智能在数学教学与评价中的深度应用。就像医院的医生看病一样,检查与诊断几乎都已机械化、智能化。如果数学教学与评价成了一套流程,学生自己都可以借助平台自学数学了,如果系统能够智能地解答学生的疑难问题,那就更加完美了。到那时候,教师做什么工作呢? 教师可以专心做教学设计,像医生一样开"处方"就可以了。

现在已经有了"云电脑"的概念了,将来一定也会有"云教室""云平台""云教学"的概念。想想未来信息技术在数学教学中应用的景象,不由得令人心旷神怡!

后　记

　　2020 年 5 月 20 日，李文革先生来电邀请我写一本关于信息技术在数学教育中的应用的书稿，说是因为我在 2009 年写过《多媒体数学课件制作》一书。时值全球新型冠状病毒肺炎疫情还未消除，全国大中小学的教师和学生都在线上上网课。我也经历了对教学平台进行尝试寻找、学习、比较的一个过程，对信息技术在教学中的应用有一些片断感触。于是我爽快答应了文革先生的邀请，并商定下书名为《信息技术在数学教学中的应用》。

　　由于自己才疏学浅，又恰逢身在高三年级任教，我直到着手起稿才真正体会到任务之艰巨。工作之余我便积极投身到书稿的撰写之中，丝毫不敢怠慢。写作过程时断时续，许多内容边学边写，甚至要经过操作实践方能成文。疫情期间，网上的软件和平台真是星罗棋布，参差不齐。我只能挑一些自己比较熟悉和满意的软件与平台，尽量结合实例说明其在数学教学中的应用。历时大约八个月，终于完成了书稿的写作。其中的艰辛历程，实不必与人多说。

　　我的夫人刘克红也是一位中学教师，她是我们联合学校成员校的一位英语教师。她曾经是学校"苹果杰出教育"项目的骨干成员，对信息技术了解得比我多。所以，在写作过程中，我经常请教夫人相关技术问题。因为写作的原因，家务事我也时常无暇顾及。所以，此书的成稿我的夫人有不赏之功。

　　书中很多内容具有一定的通性，也有很多内容具有相当的个性。其中使用的信息技术大多数是使用频率较高的软件和平台，许多数学实例则是摘录自我平时的教学笔记。编写过程中我不时思量，此书的编写究竟是要重学科，还是要偏技术？转念一想，只要能给不同的读者带来一定的收获，它的价值也算是有所体现了吧。

写就此书的过程也是一个再学习的过程。再次感谢李文革先生提供这样一个写作与学习的机会！

吴中才

庚子年腊月于海淀黄庄